熔盐电解法分离
钐、钆、镝的研究

杨育圣　孙　鹤　著

北　京

冶金工业出版社

2024

内 容 提 要

本书系统分析了通过熔盐电化学技术分离中、重混合稀土的新方法，通过稀土的合金化作用强化稀土的分离过程，通过分级电解过程实现混合稀土的分离和提取。全书共 5 章，内容包括绪论，实验部分，$SmCl_3$ 和 $DyCl_3$、Sm_2O_3 和 Dy_2O_3 在惰性电极上的电解分离，$SmCl_3$ 和 $GdCl_3$、Sm_2O_3 和 Gd_2O_3 在惰性电极上的电解分离，Sm、Dy 和 Gd 在惰性和活性电极上的电解分离等。

本书可供熔盐电化学研究方向的研究生和稀土火法冶金领域的工程技术人员阅读，也可供大专院校有关专业师生参考。

图书在版编目（CIP）数据

熔盐电解法分离钐、钆、镝的研究/杨育圣，孙鹤著．—北京：冶金工业出版社，2024.4

ISBN 978-7-5024-9821-4

Ⅰ.①熔… Ⅱ.①杨… ②孙… Ⅲ.①稀土金属—熔盐电解—研究 Ⅳ.①TF845

中国国家版本馆 CIP 数据核字（2024）第 066854 号

熔盐电解法分离钐、钆、镝的研究

出版发行	冶金工业出版社	电　　话	（010）64027926
地　　址	北京市东城区嵩祝院北巷 39 号	邮　　编	100009
网　　址	www.mip1953.com	电子信箱	service@ mip1953.com

责任编辑　夏小雪　美术编辑　吕欣童　版式设计　郑小利
责任校对　李欣雨　责任印制　禹　蕊
北京建宏印刷有限公司印刷
2024 年 4 月第 1 版，2024 年 4 月第 1 次印刷
710mm×1000mm　1/16；7.5 印张；127 千字；110 页
定价 **52.00 元**

投稿电话　（010）64027932　投稿信箱　tougao@cnmip.com.cn
营销中心电话　（010）64044283
冶金工业出版社天猫旗舰店　yjgycbs.tmall.com
（本书如有印装质量问题，本社营销中心负责退换）

前　言

稀土有"工业维生素"之称，是国家发展高新技术的重要稀有原材料，被各国视为关系国家安全和发展的最重要战略资源之一。现今世界每5项发明专利中就有一项与稀土有关，这是因为稀土具有优良的光电磁等物理特性，而且可以与其他材料组成性能优异的新型功能材料。在自然界中，稀土往往都是以混合物的形态存在，在实际工业生产中，混合稀土的应用领域有限，单一稀土的实际应用价值更高、应用范围更广泛，但是利用单一稀土就必须解决稀土分离问题。由于稀土元素的原子结构及其化学性质极为相似，因此稀土间的分离比较困难。而在稀土分离研究中，变价稀土与非变价稀土之间的分离尤为困难。当前稀土混合氧化物的分离仍然以多级萃取技术为主，湿法分离技术虽然能够实现混合稀土的高效分离，但是随着近年来"碳达峰、碳中和"目标的提出，缩短分离工艺流程、减少"三废"已经成为推进"双碳"目标实现的有效途径。

本书作者在总结前人研究成果的基础上，采用熔盐电解工艺，通过直接沉积法、共还原法、阴极合金化法对稀土元素钐（Sm）、钆（Gd）、镝（Dy）的氯化物和氧化物进行了电解分离。电子是最强的还原剂，因此电化学技术可以强化稀土元素之间的差异，使原本化学性质接近的稀土元素实现分离。同时结合稀土的合金化作用强化稀土的分离过程，通过分级电解过程实现混合稀土的分离和提取。本书是作者近年来对熔盐电化学一系列研究成果的总结，书中成果既可应用于非变价稀土之间的分离，又可对变价与非变价稀土进行分离，这为制备和提取单一稀土提供了可以借鉴的工艺方案，希望能够给科研同行和相关行业从业人员提供一定的帮助。

　　本书由杨育圣和孙鹤共同撰写。全书共 5 章，其中，第 1 章由孙鹤撰写，第 2~5 章由杨育圣撰写。全书由杨育圣审定并进行统稿。本书在撰写过程中，参考了相关文献资料，在此向文献作者表示衷心的感谢。

　　由于时间仓促，书中不足之处，希望读者批评指正。

作　者

2023 年 10 月 29 日

目　　录

1 绪　　论

1.1　研究目的和意义

稀土有"工业维生素"之称，是国家发展高新技术的重要稀有原材料，被各国视为关系国家安全和发展的最重要战略资源之一。现今世界每 5 项发明专利中就有一项与稀土有关，这是因为稀土具有优良的光电磁等物理特性，而且可以与其他材料组成性能优异的新型功能材料[1]。

稀土往往都是以混合物的形态存在于自然界中，在实际工业生产中，混合稀土的应用领域有限，单一稀土的实际应用价值更高、应用范围更广泛[2, 3]，但是利用单一稀土就必须解决稀土分离问题。由于稀土元素的原子结构及其化学性质极为相似，因此稀土间的分离比较困难。在稀土分离研究中，变价稀土与非变价稀土之间的分离尤为困难，钐钆富集物即为典型的变价/非变价稀土混合物。钐为变价稀土[4-7]，钆为非变价稀土，二者的分离利用通常的分离方法较难实现。熔盐电解法可以通过去极化和合金化作用分离变价/非变价稀土混合物[8-10]。

钆在自然界中不仅以钐钆富集物的形式存在，还以钆铽镝重稀土混合物的形式存在。对于重稀土元素的分离也是目前稀土分离研究中的一个难点[11]。因此，本书采用熔盐电解法通过研究钐、钆、镝的分离，探讨变价/非变价稀土以及重稀土元素之间的分离系数，并采用直接沉积法、共还原法、阴极合金化法对钐、钆、镝进行分离，研究不同电解方法对分离效率的影响，确定合适的分离方法。这对研究熔盐电解法在稀土分离中的应用具有良好的指导意义。与此同时，采用熔盐电解法分离稀土可以提供一种干法分离技术，这一分离技术能够进一步促进乏燃料干法后处理领域的发展，具有广阔的应用前景。

1.2　稀土分离方法概述

稀土包括 17 个元素，即属于元素周期表中ⅢB 族的 15 个镧系元素以及同属于ⅢB族的钪（Sc）和钇（Y）[12]。全部稀土元素的发现从1794年发现钇至1947年从核反应堆裂变产物中发现钷，历时150余年[13]。而当今稀土工业如此快速地、持续地、全方位地发展，主要是由于稀土元素独特的电子层结构及物理化学性质。稀土元素具有独特的4f电子结构、较大的原子磁矩、很强的自旋偶合等特性，与其他元素形成稀土配合物时，配位数可在6~12之间变化，并且稀土化合物的晶体结构也是多种多样的。致使稀土的传统材料和新材料已经深入国民经济和现代科学技术的各个领域，并且有力地促进了这些领域的发展[14,15]。

但是由于稀土元素的原子结构及其化学性质极为相似，导致稀土元素彼此之间的分离非常困难。因此，长期以来人们使用的通常都是混合稀土。随着近年来现代工业和科学技术的发展需要，单一稀土的需求日益增多，因此单一稀土的分离、提取显得愈发重要。单一稀土的分离是指利用稀土元素之间性质上的差异，从混合稀土中分离出单一稀土的过程。常用的单一稀土分离的方法目前主要包括以下几种[16]：

（1）分级结晶和分步沉淀法。分级结晶和分步沉淀法都是经典的化学分离方法。

分级结晶法是根据稀土化合物的溶解度随原子序数递变的规律进行分离的一种方法。由于各种稀土复盐在溶液中和固相间的分配情况不同，溶解度较大的富集于溶液中，而溶解度较小的则富集在固相中，从而达到分离的目的。分级结晶法能够将混合稀土按照溶解度的递变规律，将其粗略地分离结晶。最后，分离产物还需要用分步沉淀法再次提纯。

分步沉淀法是利用稀土化合物的溶度积不同或者沉淀的pH值不同而进行分离的。这种分离方法一般是与分级结晶法相配合使用。首先由分级结晶法将溶解度相接近的稀土分离出来，然后在欲进一步分离的稀土溶液中加入沉淀剂，经过多次沉淀分离即可达到分离的目的。

（2）离子交换法。离子交换法是利用稀土配合物稳定常数之间的微小差别，使稀土离子在树脂床进行交换反应，通过连续的解吸-吸附过程，从而在树脂床的不同部位展开不同富集程度的稀土带，达到分离单一稀土的目的。稀土配合物的稳定常数一般是随原子序数增大而增大。在配合过程中，稳定性较大的稀土离子可置换稳定性较小的稀土离子，释放出来的稳定性较小的稀土离子又重新被吸附。在这个过程中，原子序数小的稀土稳定常数小而亲和力大，倾向于吸附在树脂床上；原子序数大的稀土稳定常数大而亲和力小，倾向于从树脂上脱附下来，进入液相。经过连续的吸附-脱附过程达到稀土分离的效果。

（3）溶剂萃取分离法。溶剂萃取分离法是指被分离物质的水溶液与互不混溶的有机溶剂接触，借助于萃取剂的作用，使一种或几种组分进入有机相，而另一些组分留在水相，从而达到分离的目的。从该方法的分离原理可以看出，萃取剂的选择是至关重要的。在稀土分离工业中常用的萃取剂有磷类萃取剂、胺类萃取剂和有机羧酸等。在有了优良合适的萃取剂之后，溶液萃取分离法的处理容量大、反应速度快、分离系数高和可连续化生产等特点凸显出来。现在，溶剂萃取分离法已经成为国内外稀土工业生产中分离稀土元素的主要方法之一。

（4）选择性氧化还原法。前面介绍的分级结晶和分步沉淀法在分离中、重稀土元素时的分离系数不高。而离子交换法和溶剂萃取法在分离稀土的工艺中，虽然有效地把稀土元素从混合稀土中逐一分开，但是全部分离的流程很长，而且单一稀土的用量与原料中的稀土配比不一致，易造成某些元素的积压和短缺。选择性氧化还原法是根据一些变价稀土元素在非三价与三价时性质的差别，将变价稀土通过氧化还原反应改变价态之后，根据两种价态在萃取剂中的分配系数的不同，将二者通过萃取剂萃取，从而进行的简单、有效分离的一种方法。这种方法的优缺点非常明显，优点是操作简便，目前是分离变价稀土最有效的方法；缺点是这种方法只适合分离变价稀土，而且在目前也只有铈和铕在工业分离中采用这种方法。

根据对这几种稀土分离方法的介绍，分离技术最简便、有效的方法为选择性氧化还原法。同样我们也认识到了这个方法最大的局限性是不适用于非变价稀土。而本书需要研究分离的稀土元素为钐、钇和镥，其中钐为典型的变价稀土，钇和镥的稳定价态为三价。因此，我们针对实际情况，提出用熔盐电解法进行分离的研究。在稀土分离的同时，不仅可实现变价稀土与非变价稀土的分离，同时也能实现非变价稀土之间的分离。

1.3 熔盐电解法的研究现状

1.3.1 熔盐电解法的特点及分离原理

最初将熔盐电解法用于分离稀土研究的是美国阿贡国家实验室[17]，其目的是应用在乏燃料干法后处理中。相比较之前介绍的四种水法分离技术，干法分离方法具有水法流程所不具备的几个优点[18]：

（1）熔盐电解分离稀土采用的溶剂是熔盐，熔盐具有良好的耐高温和耐辐照性能，不存在辐射分解问题，可以用于分离乏燃料中的稀土元素[19]。

（2）熔盐电解分离稀土过程免除或减少了水法诸如固态→水溶液→固态的转换过程[20]。

（3）工艺设备简单，得到的分离产物可以是金属，也可以是合金[21, 22]。

基于以上几个优点，本书选择熔盐电解法分离稀土元素。之前介绍的四种稀土分离方法与熔盐电解法的分离原理见表1-1。

表 1-1 稀土分离方法与分离原理

分离方法	分级结晶和分步沉淀法	离子交换法	溶剂萃取分离法	选择性氧化还原法	熔盐电解法
分离原理	不同稀土溶解度与溶度积的差异	稀土配合物稳定常数的差别	稀土在不同相之间分配系数的差异	变价稀土的不同价态在萃取剂中分配系数的差异	稀土离子的析出电位差

从表1-1中可以看出，采用熔盐电解法分离稀土主要是利用稀土离子之间不同的析出电位，根据不同稀土离子间的析出电位差，控制电解电位使稀土以析出电位的先后次序逐个沉积，从而达到分离的目的。

分离效果可以通过分离系数来表示。依据实验研究中所得出的稀土离子的浓度、析出电位、不同离子间的析出电位差以及稀土离子的电子转移数，根据能斯特方程计算稀土离子间的分离系数。

用离子在熔盐中浓度的变化量与最初浓度的比值可以计算出分离效率，见式（1-1）[23]：

$$\eta = 1 - \frac{c_{1\text{-solution}}^{\text{f}}}{c_{1\text{-solution}}^{\text{i}}} \tag{1-1}$$

式中 η——分离效率；

c——离子摩尔浓度，mol/cm^3。

在公式中，i 代表最初状态（initial）；f 代表最终状态（final）。在电化学反应过程中，设定 E_1^{i} 为析出电位相对较正的离子 1 在熔盐中的析出电位；E_2^{i} 为析出电位相对较负的离子 2 在熔盐中的析出电位。$a_{1\text{-solution}}^{\text{i}}$ 为离子 1 在熔盐中的初始活度；$a_{1\text{-metal}}^i$ 为离子 1 在合金/金属中的初始活度。根据能斯特方程可得出式（1-2）：

$$E_1^i = E_1^0 + \frac{RT}{nF}\ln\frac{a_{1\text{-solution}}^i}{a_{1\text{-metal}}^i} \tag{1-2}$$

式中　E——析出电位，V；

　　　n——电子转移数；

　　　F——法拉第常数，C/mol；

　　　R——理想气体状态常数，J/(mol·K)；

　　　T——温度，K；

　　　a——活度，mol/cm³。

然后设定 $a_{2\text{-solution}}^i$ 为析出电位较负的离子 2 在熔盐中的初始活度；$a_{2\text{-metal}}^i$ 为离子 2 在合金/金属中的初始活度，得出式（1-3）：

$$E_2^i = E_2^0 + \frac{RT}{nF}\ln\frac{a_{2\text{-solution}}^i}{a_{2\text{-metal}}^i} \tag{1-3}$$

由于在熔盐中离子的浓度较小，我们可以认为在熔盐中离子的活度近似等于浓度。在电解过程中，理论上析出电位相对较正的离子 1 优先得到电子还原为金属，随着在熔盐中离子 1 的浓度的降低，根据式（1-2），其析出电位负移，我们假设当 $E_1^f = E_2^i$ 电解停止，此时得到式（1-4）：

$$E_1^f = E_1^0 + \frac{RT}{nF}\ln\frac{c_{1\text{-solution}}^f}{a_{1\text{-metal}}^f} \tag{1-4}$$

因此，我们可以得到关于 ΔE 的公式（1-5）：

$$\Delta E = E_2^i - E_1^i = E_1^f - E_1^i = \frac{RT}{nF}\ln\frac{c_{1\text{-solution}}^f \times a_{1\text{-metal}}^i}{a_{1\text{-metal}}^f \times c_{1\text{-solution}}^i} \tag{1-5}$$

而在合金中可以认为 $a_{1\text{-metal}}^i$ 和 $a_{1\text{-metal}}^f$ 为 1，因此得到式（1-6）：

$$\ln\frac{c_{1\text{-solution}}^f}{c_{1\text{-solution}}^i} = \frac{nF}{RT}\Delta E \tag{1-6}$$

式（1-6）在本书中用于判断浓差极化的发生。我们将式（1-1）代入式（1-6）推导出分离系数与析出电位差的关系，得到式（1-7）：

$$\Delta E = \frac{RT}{nF}\ln\frac{1}{1-\eta} \tag{1-7}$$

在式（1-7）中存在着三个未知量，即电子转移数 n、离子间的析出电位差 ΔE 和分离系数 η。因此，我们如果要分离两种稀土离子并且计算出二者的分离系数，需要知道稀土离子的电子转移数 n 以及离子间的析出电位差 ΔE。这些都需要通过电化学测试的方法来完成。

1.3.2　熔盐电解法用于稀土提取的研究进展

熔盐电解法用于分离或者提取稀土离子，根据所采用的电极材料的不同通常分为三种方法，分别是：直接电沉积法、阴极合金化法、共还原法。目前，国内外关于采用熔盐电解法在稀土分离、提取的领域也都是围绕这三种方法开展研究。

1.3.2.1　直接电沉积法

直接电沉积法是以一种不与金属形成合金或无固溶度的金属作为惰性电极，在其上直接沉积稀土金属单质的一种方法。在目前检索到的国内外研究中，大都是用该方法提取稀土金属。例如，M. Kurata 及其合作者在 LiCl 熔盐中研究了稀土混合氧化物在钽电极[24]的电化学还原过程；Y. Sakamura 等研究者在惰性钨电极上研究了稀土离子与 U、Np、Pu 和 Am 离子的平衡电位[25]，并讨论了稀土离子和锕系离子间的分离；S. A. Kuznetsov 及其合作者在 LiCl-KCl 共晶盐中在惰性钨电极上研究了 U 和稀土金属的分离，并用暂态电化学方法测量了其析出行为并计算了分离系数[26, 27]；Y. Castrillejo 等研究者在 LiCl-KCl 共晶盐中在惰性电极钨上研究了稀土 Sc 和 Tb 的电化学行为，并讨论了从熔盐中直接电解提取 Sc[28] 和 Tb[29]；B. Y. Kim 等研究了 Tb(Ⅲ) 离子在 LiCl-KCl 共晶盐中在惰性电极钼上的电化学行为和光谱特性[30]，得出了 Tb(Ⅲ) 离子在惰性电极上的析出电位；V. Smolenski 等在惰性电极钨上研究了在 CsCl 熔盐中稀土离子 Yb(Ⅲ) 的电化学行为[31]，并对电化学反应的热力学数据[32]进行了计算。L. Massot 等[33] 在氟化物熔盐中在惰性电极钼上对稀土离子 Eu(Ⅲ) 进行了电化学行为研究，认为 Eu(Ⅲ) 离子在熔盐中以 Eu(Ⅱ) 和 Eu(Ⅲ) 的形式存在。我国在惰性电极钨上进行稀土金属 Nd 沉积的研究较为深入，并已经实现了工业化生产[34]。

1.3.2.2　阴极合金化法

根据需要提取或者分离的金属，以合金的一个组分作为阴极，使电解质中的金属离子沉积在电极上，并以固溶体或金属间化合物的形式提取出来。根据熔盐温度及电极的选择，阴极合金化法还分为液态阴极法和固态阴极法。顾名思义，液态阴极法是采用液态金属作为阴极，使熔盐中的金属离子在电极上还原为金属并与之形成合金。而所选择的阴极材料多为熔点较低的金属，而提取的金属离子多为熔点较高的金属，这样便于提取出来之后的进一步分离。采用液态阴极法进行提取、分离稀土元素，可以降低稀土离子的活度，有利于稀土离子的沉积。目前在液态电极上对稀土元素提取、分离的研究，如 D. Lambertin 等研究者在液态镓活性电极上[35]用稀土元素 Ce 模拟乏燃料中的锕系元素 Pu，并从熔盐中成功的提取了金属 Ce；J. Finne 与他的同事研究了在液态 Bi 电极上稀土离子的活度系数，并根据稀土离子的活度系数研究了稀土离子从熔盐中的提取[36]；Y. Castrillejo 等研究了稀土元素（Ce、La、Pr、Gd、Er、Ho 和 Y）在液态 Bi、Cd 电极上的电化学行为，并计算了稀土离子的活度及与液态电极 Bi 和 Cd 形成合金反应的吉布斯自由能[37]；在液态 Cd 电极上，H. Moriyama 等研究者对锕系元素和稀土元素在熔融氯化物中进行选择性提取的分离动力学[38]进行了研究，为二者的分离打下了理论基础；而在液态 Bi 上，J. Serp 和合作者在 LiCl-KCl 共晶盐中研究了 Pu 和 La 的分离[39]，并计算了二者的分离系数；文献［40］报道了在氟化物电解质体系中以液态 Al 为阴极研究锕系元素和稀土元素的分离电位；G. De Córdoba 等对稀土元素 Nd 在液态 Al 阴极上的活度系数进行了计算[41]，并且以 Al-Nd 合金的形式从熔盐中提取 Nd。国内的研究者在液态 Al 电极上以 Al-Dy[42]和 Al-La[43]合金的形式提取了稀土元素 Dy 和 La。Yang 等[44]在液态 Mg 和液态 Al 电极上以 Al-Y 和 Mg-Y 合金的形式从熔盐中提取稀土元素 Y。孟健等研究者在氯化物[45]和氟化物[46]体系中以液态镁为阴极，提取稀土元素钕和镧铈镨，并将稀土离子以 Mg-RE 合金的形式从熔盐中沉积出来。

固态阴极法的特点及原理与液态阴极法相似，虽然一般情况下离子在固态电极上反应速率没有在液态电极上快，但是由于某一些离子在液态电极上不易形成合金，而在熔点较高的固态电极上更容易形成合金发生沉积，所以固态阴极法也是电解分离中很常用的一种方法。例如，J. Serp 等[47]以固态 Al 为电极在 LiCl-KCl 共晶盐中从锕系元素和稀土元素混合物中以 Al-Ans 合金的形式电解分离出了锕系元素；Y. Castrillejo 等研究者以固态 Al 为阴极从氯化物熔盐中成功地以 Al-RE 合金的形式提取出了稀土元素 Pr[48]、Dy[49]、Gd[50]、Er[51]、Ho[52]、Eu[53]、Lu[54]、Tm[55]、Yb[56]和 Sm[57]；稀土元素 Nd[58]也被使用固态 Al 阴极从熔融盐中提取出来，并且作者认为这种电解提取法可以应用于乏燃料的干法后处理中；V. Smolenski 等在 NaCl-KCl-CsCl 熔盐中以 Al 为阴极研究了稀土离子 Y(Ⅲ)[59]的还原过程，并讨论了电极材料对于稀土提取的影响；而 L. Cassayre 等[60]研究者以稀土离子为例模拟进行了在固态 Al 电极上乏燃料的精炼提纯的研究。

采用固态阴极法进行电解分离，除了 Al 电极外，Cu 和 Ni 也是常用的电极。如 L. Massot 等[61]研究者就在 LiF-CaF$_2$ 熔盐中在固态 Ni 和 Cu 电极上对于稀土元素 Dy 进行了电化学行为的研究，并分别以 Dy-Ni 和 Dy-Cu 金属间化合物的形式将稀土 Dy 从氟化物熔盐中提取出来；在氟化物电解质体系中的 Ni 和 Cu 电极上，H. C. Eun [62] 和 P. Taxil[63] 分别研究了稀土离子从熔盐中的提取，并讨论了稀土离子与锕系离子在该体系下分离的可能性。我国学者丘开荣[64] 在 NaCl-KCl-TmCl$_3$ 电解质体系中的 Fe、Co、Ni、Cu 等阴极上分别研究了稀土元素 Tm 的提取，最终通过恒电位电解的方法制备了含有 Tm$_2$Fe$_{17}$ 等金属间化合物的合金。文献 [65]、[66] 报道了在 Fe、Ni、Cu 固态阴极上，稀土元素 La、Pr、Nd、Y 在氯化物电解质中通过熔盐电解法分别以相应的稀土合金形式进行提取的研究。

1.3.2.3 共还原法

将电解质中两种或两种以上的金属离子在电极上还原为金属，称之为共还原。例如，在 LiCl-KCl-YbCl$_3$ 氯化物体系中，Yb(Ⅲ) 离子在 Ni 电极上与 Li(Ⅰ) 离子共还原为 Ni-Li-Yb[67]合金；M. Gibilaro 等研究者在 SmF$_3$-CeF$_3$-AlF$_3$ 体系中研究稀土元素 Sm 和 Ce 的电化学行为，并以两种稀土元素模拟乏燃料中的 U 和 Pu，以 Al-Ce 合金的形式共还原出稀土元素 Ce，实现了 Sm 和 Ce 的分离[68]；对于稀土元素 Eu 和 Nd，在 EuF$_3$-AlF$_3$[69] 和 NdF$_3$-AlF$_3$[70]氟化物体系中分别以 Al-Eu 和 Al-Nd 合金的形式从熔盐中提取出来。我国学者在采用共还原法提取稀土的研究中，将稀土元素 Y 以 Y$_2$O$_3$ 的形式与 MgF$_3$ 在氟化物熔盐中共还原形成了 Mg-Y 合金[71]，合金中 Y 的含量随着熔盐中添加 Y$_2$O$_3$ 的含量增加而提高；贺圣等[72]研究者在氟化物熔盐中通过添加 YF$_3$ 和 MgO 直接电解以 Mg-Y 合金的形式提取出了稀土元素 Y；作者所在的研究组在 LiCl-KCl-AlCl$_3$ 熔盐中添加氧化铕和氧化钕，通过共还原法以 Al-Eu[73] 和 Al-Nd[74]合金的形式提取出稀土元素 Eu 和 Nd；对于稀土元素 Sm[75, 76]、Gd[77]、Dy[78]、Ho[79]、Er[80]的氯化物或者氧化物，作者所在的研究组通过共还原法从 LiCl-KCl-MgCl$_2$ 熔盐中提取出稀土，并得到相对应的 Mg-RE 合金。

基于以上国内外研究者们采用熔盐电解法对于稀土分离的研究，可以归纳出这几种电解分离方法的特点：

（1）采用直接电沉积法的研究者们常用的电极为金属钼、钨和钽，通常称之为惰性阴极。这几种金属作为电极进行稀土提取和分离的原因是它们的熔点高，而且与大多数稀土离子都不能形成合金，因此可以得到稀土金属单质。惰性电极与活性电极相比较可以更容易地检测到稀土离子本身的电化学行为。

（2）采用阴极合金化法的研究者们常用的电极比较多。总结起来，液态阴极法常用的电极是熔点较低的金属镓、镉和铋。此外，也有研究者采用液态铝和镁作为阴极，但电解温度稍高些，一般在 650 ℃左右。这几种电极的特点是熔点低，在大多数的熔盐中都以液态形式存在。而且作为液态阴极，可以有效地提高离子活度，其去极化和合金化作用可使离子的析出电位正移，加速金属离子的沉积。

固态阴极法常用的电极为铝、铜和镍。固态阴极法同样可以使得稀土离子在活性电极上发生去极化作用，促进稀土的分离。而且可以通过金属离子在金属电极上发生欠电位沉积，改变不同稀土离子的析出电位差。

（3）采用共还原法作为稀土提取、分离的研究者们，主要是采用镁和铝的氯化物或者氟化物与稀土离子通过控制沉积电位或者电流的方法将几种金属离子在电极上共同还原出来，以达到分离或者提取的目的，实际上该法与阴极合金化法极为相似，只不过是铝和镁在惰性电极上预先沉积形成活性金属层，同样具有活性阴极的特征。

1.4　主要研究内容

本书从稀土分离的实际应用价值考虑，对稀土元素钐、镝、钆的混合氯化物及混合氧化物进行电解分离的研究。

（1）在等质量比 KCl-LiCl 熔盐中，在惰性 W 电极上研究 $SmCl_3$、$DyCl_3$、$GdCl_3$ 的阴极电化学行为，根据稀土离子的析出电位确定 $SmCl_3$、$DyCl_3$、$GdCl_3$ 的分离条件及分离次序，通过电子转移数和析出电位差计算在惰性 W 电极上 $SmCl_3$、$DyCl_3$、$GdCl_3$ 的分离系数。

（2）研究 $MgCl_2$ 对 Sm_2O_3、Dy_2O_3、Gd_2O_3 的氯化作用，并在等质量比 KCl-LiCl 熔盐中根据 $MgCl_2$ 的氯化作用对 Sm_2O_3、Dy_2O_3、Gd_2O_3 进行分离。借助于电化学手段研究在 KCl-LiCl-$MgCl_2$ 熔盐中 Sm_2O_3、Dy_2O_3、Gd_2O_3 的电化学行为，根据稀土与 Mg 形成合金的电位确定三者的分离条件及分离次序，利用电子转移数和析出电位差计算采用共还原法 Sm_2O_3、Dy_2O_3、Gd_2O_3 的分离系数。通过恒电

位电解的方法对 Sm_2O_3、Dy_2O_3、Gd_2O_3 进行分离，表征分离产物，并计算分离效率。

（3）在活性 Mg 电极上研究 $SmCl_3$、$DyCl_3$、$GdCl_3$ 的阴极电化学行为，根据稀土与 Mg 电极形成合金的电位确定 $SmCl_3$、$DyCl_3$、$GdCl_3$ 的分离条件及分离次序，利用电子转移数和析出电位差计算在活性 Mg 电极上三者的分离系数。通过恒电位电解的方法在活性 Mg 电极上对 $SmCl_3$、$DyCl_3$、$GdCl_3$ 进行分离，表征分离产物，并计算分离效率。

参 考 文 献

[1] 焦芸芬，何小林，廖春发，等．近十年来重稀土元素分离与提纯技术研究进展 [J]．稀土，2013，34（4）：74-79.

[2] 许涛，彭会清，林忠，等．稀土固体废物的成因、成分分析及综合利用 [J]．稀土，2010，31（2）：34-39.

[3] 姜银举，马小可，杨吉春，等．选择性氧化-渣金熔分法回收稀土储氢合金冶炼废渣 [J]．稀土，2012，33（5）：47-49.

[4] 郭瑞，曹文亮，翟秀静，等．熔盐电解法制备 Al-Sc 应用合金的工艺研究 [J]．稀有金属，2008，32（5）：645-648.

[5] 杨庆山，陈建军，谢建秋．氟化物电解质体系中电解制备镁-钕中间合金 [J]．稀有金属，2007，31（专辑）：45-49.

[6] 滕国春，翟秀静，李俊福，等．铝钪合金的熔盐电解法制备研究 [J]．有色矿冶，2009，25（1）：26-28.

[7] 李广宇，杨少华，李继东，等．熔盐电解法制备铝钪合金的研究 [J]．轻金属，2007，（5）：54-57.

[8] 郭探，王世栋，叶秀深，等．熔盐电解法制备稀土合金研究进展 [J]．中国科学，2012，42（9）：1328-1336.

[9] 庞思明，颜世宏，李宗安，等．我国熔盐电解法制备稀土金属及其合金工艺技术进展 [J]．稀有金属，2011，35（3）：440-450.

[10] 温惠忠．氟化物体系电解制取混合稀土金属的研究 [J]．江西有色金属，2001，15（1）：27-30.

[11] 贾怀东，彭学涛．保卫重稀土：资源枯竭背景下的战略选择 [J]．生态经济，2012，4：18-23.

[12] 张密林．熔盐电解镁锂合金 [M]．北京：科学出版社，2006.

[13] 吴文远．稀土冶金学 [M]．北京：化学工业出版社，2005.

［14］ 刘光华. 稀土材料与应用技术［M］. 北京：化学工业出版社，2005：11.

［15］ Abu-Khader M M. Recent advances in nuclear power：A review［J］. Progress in Nuclear Energy, 2009, 51：225-235.

［16］ 刘光华. 稀土材料与应用技术［M］. 北京：化学工业出版社，2005：88-101.

［17］ Chandler J, Hertel N. Choosing a reprocessing technology requires focusing on what we value［J］. Progress in Nuclear Energy, 2009, 51：701-708.

［18］ Nawada H P, Fukuda K, Role of pyro-chemical processes in advanced fuel cycles［J］. Journal of Physics and Chemistry of Solids, 2005, 66：647-651.

［19］ Souček P, Lisý F, Tuláčková R, et al. Development of electrochemical separation methods in molten LiF-NaF-KF for the molten salt reactor fuel cycle［J］. Journal of Nuclear Science and Technology, 2005, 42（12）：1017-1024.

［20］ Kensuke K, Takeshi T, Takanari O. Single-stage extraction test with continuous flow of molten LiCl-KCl salt and liquid Cd for pyro-reprocessing of metal FBR fuel［J］. Journal of Nuclear Science and Technology, 2007, 44（12）：1557-1564.

［21］ Kwon S W, Ahn D H, Kim E H, et al. A study on the recovery of actinide elements from molten LiCl-KCl eutectic salt by an electrochemical separation［J］. Journal of Industrial and Engineering Chemistry, 2009, 15：86-91.

［22］ 段淑贞，乔芝郁. 熔盐化学原理和应用［M］. 北京：冶金工业出版社，1990.

［23］ Chamelot P, Massot L, Hamel C, et al. Feasibility of the electrochemical way in molten fluorides for separating thorium and lanthanides and extracting lanthanides from the solvent［J］. Journal of Nuclear Materials, 2007, 360：64-74.

［24］ Kurata M, Inoue T, Serp J, et al. Electro-chemical reduction of MOX in LiCl［J］. Journal of Nuclear Materials. 2004, 328：97-102.

［25］ Sakamura Y, Hijikata T, Kinoshita K, et al. Measurement of standard potentials of actinides（U, Np, Pu, Am）in LiCl-KCl eutectic salt and separation of actinides from rare earths by electrorefining［J］. Journal of Alloys and Compounds, 1998, 271-273：592-596.

［26］ Kuznetsov S A, Hayashi H, Minato K, et al. Determination of uranium and rare-earth metals separation coefficients in LiCl-KCl melt by electrochemical transient techniques［J］. Journal of Nuclear Materials. 2005, 344：169-172.

［27］ Kuznetsova S A, Hayashi H, Minato K, et al. Electrochemical transient techniques for determination of uranium and rare-earth metal separation coefficients in molten salts［J］. Electrochimica Acta, 2006, 51：2463-2470.

［28］ Castrillejo Y, Hernández P, Rodriguez J A, et al. Electrochemistry of scandium in the eutectic LiCl-KCl［J］. Electrochimica Acta, 2012, 71：166-172.

[29] Bermejo M R, Gómez J, Martínez A M, et al. Electrochemistry of terbium in the eutectic LiCl-KCl [J]. Electrochimica Acta, 2008, 53: 5106-5112.

[30] Kim B Y, Lee D H, Lee J Y, et al. Electrochemical and spectroscopic investigations of Tb(Ⅲ) in molten LiCl-KCl eutectic at high temperature [J]. Electrochemistry Communications, 2010, 12: 1005-1008.

[31] Smolenski V, Novoselova A, Osipenko A, et al. Electrochemistry of ytterbium (Ⅲ) in molten alkali metal chlorides [J]. Electrochimica Acta, 2008, 54: 382-387.

[32] Smolenski V, Novoselova A, Bovet A, et al. Electrochemical and thermodynamic properties of ytterbium trichloride in molten caesium chloride [J]. Journal of Nuclear Materials, 2009, 385: 184-185.

[33] Massot L, Chamelot P, Cassayre L, et al. Electrochemical study of the Eu(Ⅲ)/Eu(Ⅱ) system in molten fluoride media [J]. Electrochimica Acta, 2009, 54: 6361-6366.

[34] 贾根贵, 李昌林, 孙东亚, 等. 熔盐电解稀土用钨电极的制备工艺研究 [J]. 稀有金属与硬质合金, 2010, 38 (3): 43-45.

[35] Lambertin D, Ched'homme S, Bourges G, et al. Activity coefficients of plutonium and cerium in liquid gallium at 1073 K: Application to a molten salt/solvent metal separation concept [J]. Journal of Nuclear Materials, 2005, 341: 131-140.

[36] Finne J, Picard G, Sanchez S, et al. Molten salt/liquid metal extraction: Electrochemical determination of activity coefficients in liquid metals [J]. Journal of Nuclear Materials, 2005, 344: 165-168.

[37] Castrillejo Y, Bermejo R, Martínez A M, et al. Application of electrochemical techniques in pyrochemical processes-electrochemical behavior of rare earths at W, Cd, Bi and Al electrodes [J]. Journal of Nuclear Materials, 2007, 360: 32-42.

[38] Moriyama H, Yamada D, Moritani K, et al. Reductive extraction kinetics of actinide and lanthanide elements in molten chloride and liquid cadmium system [J]. Journal of Alloys and Compounds, 2006, 408-412: 1003-1007.

[39] Serp J, Lefebvre P, Malmbeck R, et al. Separation of plutonium from lanthanum by electrolysis in LiCl-KCl onto molten bismuth electrode [J]. Journal of Nuclear Materials, 2005, 340: 266-270.

[40] Olivier C, Nicolas D, Jérôme L. Extraction behavior of actinides and lanthanides in a molten fluoride/liquid aluminum system [J]. Journal of Nuclear Materials, 2005, 344: 136-141.

[41] De Córdoba G, Laplace A, Conocar O, et al. Determination of the activity coefficient of neodymium in liquid aluminium by potentiometric methods [J]. Electrochimica Acta, 2008, 54: 280-288.

［42］苏明忠，宋丕莹，邹天楚，等. 熔盐电解制取 Al-Dy 合金 ［J］. 稀土，1995，16（5）：61-63.

［43］杜森林，刘英明，路连清，等. 直流脉冲电解 Al-La 合金的研究 ［J］. 稀土，1993，14（3）：66-69.

［44］Yang Q Q, Liu G K, Hong H C. Study on molten salt electro deposition of rare earth-ferrous alloy ［C］// Proceedings of the second Japan-China bilateral conference on molten salt chemistry and technology, Yokohama, Japan, 1988.

［45］孟健，张德平，房大庆，等. 低温下沉液态阴极电解制备镁稀土中间合金的方法：中国，200510017229.7 ［P］. 2006-05-17.

［46］孟健，吴耀明，张洪杰，等. 复合阴极熔盐电解稀土-镁中间合金的制备方法：中国，200510119117.2 ［P］. 2006-07-26.

［47］Serp J, Allibert M, Le Terrier A, et al. Electroseparation of actinides from lanthanides on solid aluminum electrode in LiCl-KCl eutectic melts ［J］. Journal of the Electrochemical Society, 2005, 152（3）：167-172.

［48］Castrillejo Y, Bermejo M R, Díaz Arocas P, et al. Electrochemical behaviour of praseodymium（Ⅲ）in molten chlorides ［J］. Journal of Electroanalytical Chemistry, 2005, 575：61-74.

［49］Castrillejo Y, Bermejo M R, Barrado A I, et al. Electrochemical behaviour of dysprosium in the eutectic LiCl-KCl at W and Al electrodes ［J］. Electrochimica Acta, 2005, 50：2047-2057.

［50］Bermejo M R, Gómez J, Medina J, et al. The electrochemistry of gadolinium in the eutectic LiCl-KCl on W and Al electrodes ［J］. Journal of Electroanalytical Chemistry, 2006, 588：253-266.

［51］Castrillejo Y, Bermejo M R, Barrado E, et al. Electrochemical behaviour of erbium in the eutectic LiCl-KCl at W and Al electrodes ［J］. Electrochimica Acta, 2006, 51：1941-1951.

［52］Castrillejo Y, Bermejo M R, Barrado E, et al. Electrodeposition of Ho and electrochemical formation of Ho-Al alloys from the eutectic LiCl-KCl ［J］. Journal of the Electrochemical Society, 2006, 153：713-721.

［53］Bermejo M R, De la Rosa F, Barrado E, et al. Cathodic behaviour of europium（Ⅲ）on glassy carbon, electrochemical formation of Al_4Eu, and oxoacidity reactions in the eutectic LiCl-KCl ［J］. Journal of Electroanalytical Chemistry, 2007, 603：81-95.

［54］Bermejo M R, Barrado E, Martínez A M, et al. Electrodeposition of Lu on W and Al electrodes：Electrochemical formation of Lu-Al alloys and oxoacidity reactions of Lu（Ⅲ）in the eutectic LiCl-KCl ［J］. Journal of Electroanalytical Chemistry, 2008, 617：85-100.

［55］Castrillejo Y, Fernández P, Bermejo M R, et al. Electrochemistry of thulium on inert electrodes and electrochemical formation of a Tm-Al alloy from molten chlorides [J]. Electrochimica Acta, 2009, 54: 6212-6222.

[56] Castrillejo Y, Fernández P, Medina J, et al. Chemical and electrochemical extraction of ytterbium from molten chlorides in pyrochemical processes [J]. Electroanalysis, 2011, 23: 222-236.

[57] Castrillejo Y, Fernández P, Medina J, et al. Electrochemical extraction of samarium from molten chlorides in pyrochemical processes [J]. Electrochimica Acta, 2011, 56: 8638-8644.

[58] Souček P, Malmbeck R, Nourry C, et al. Pyrochemical reprocessing of spent fuel by electrochemical techniques using solid aluminium cathodes [J]. Energy Procedia, 2011, 7: 396-404.

[59] Smolenski V, Novoselova A, Osipenko A, et al. The influence of electrode material nature on the mechanism of cathodic reduction of ytterbium (Ⅲ) ions in fused NaCl-KCl-CsCl eutectic [J]. Journal of Electroanalytical Chemistry, 2009, 633: 291-296.

[60] Cassayre L, Malmbeck R, Masset P, et al. Investigation of electrorefining of metallic alloy fuel onto solid Al cathodes [J]. Journal of Nuclear Materials, 2007, 360: 49-57.

[61] Saïla A, Gibilaro M, Massot L, et al. Electrochemical behaviour of dysprosium (Ⅲ) in LiF-CaF$_2$ on Mo, Ni and Cu electrodes [J]. Journal of Electroanalytical Chemistry, 2010, 642: 150-156.

[62] Eun H C, Yang H C, Lee H S, et al. Distillation and condensation of LiCl-KCl eutectic salts for a separation of pure salts from salt wastes from an electrorefining process [J]. Journal of Nuclear Materials, 2009, 395: 58-61.

[63] Taxil P, Massot L, Nourry C, et al. Lanthanides extraction processes in molten fluoride media: Application to nuclear spent fuel reprocessing [J]. Journal of Fluorine Chemistry, 2009, 130: 94-101.

[64] 丘开容, 杨绮琴, 管彤. Tm(Ⅲ) 在氯化物熔体中电还原的研究 [J]. 稀有金属, 1997, 21: 7-11.

[65] 杨绮琴, 丘开容, 刘冠昆, 等. 氯化物熔体中钇的电还原和合金化 [J]. 中国稀土学报, 1994, 12 (2): 116-119.

[66] 杨绮琴, 刘冠昆, 蔡伟文, 等. 金属在其合金相中扩散系数的测定 [J]. 稀有金属, 1992, 1: 18-21.

[67] Iida T, Nohira T, Ito Y. Electrochemical formation of Yb-Ni alloy films by Li codeposition method in a molten LiCl-KCl-YbCl$_3$ system [J]. Electrochimica Acta, 2003, 48: 1531-1536.

[68] Gibilaro M, Massot L, Chamelot P, et al. Co-reduction of aluminium and lanthanide ions in molten fluorides: Application to cerium and samarium extraction from nuclearwastes [J].

Electrochimica Acta, 2009, 54: 5300-5306.

[69] Gibilaro M, Massot L, Chamelot P, et al. Electrochemical extraction of europium from molten fluoride media [J]. Electrochimica Acta, 2009, 55: 281-287.

[70] Gibilaro M, Massot L, Chamelot P, et al. Study of neodymium extraction in molten fluorides by electrochemical co-reduction with aluminium [J]. Journal of Nuclear Materials, 2008, 382: 39-45.

[71] Yang S H, Yang F L, Liao C F, et al. Electrodeposition of magnesium-yttrium alloys by molten salt electrolysis [J]. Journal of Rare Earths, 2010, 28: 385-388.

[72] 贺圣, 李宗安, 颜世宏, 等. YF₃-LiF 电解质体系中氧化物电解共沉积钇镁合金的阴极过程研究 [J]. 中国稀土学报, 2007, 25 (1): 120-123.

[73] Yan Y D, Tang H, Zhang M L, et al. Extraction of europium and electrodeposition of Al-Li-Eu alloy from Eu₂O₃ assisted by AlCl₃ in LiCl-KCl melt [J]. Electrochimica Acta, 2012, 59: 531-537.

[74] Yan Y D, Xu Y L, Zhang M L, et al. Electrochemical extraction of neodymium by co-reduction with aluminum in LiCl-KCl molten salt [J]. Journal of Nuclear Materials, 2013, 433: 152-159.

[75] Han W, Tian Y, Zhang M L, et al. Preparation of Mg-Li-Sm alloys by electrocodeposition in molten salt [J]. Journal of Rare Earth, 2009, 27 (6): 1046-1050.

[76] Han W, Tian Y, Zhang M L, et al. Preparing different phases of Mg-Li-Sm alloys by molten salt electrolysis in LiCl-KCl-MgCl₂-SmCl₃ melts [J]. Journal of Rare Earth, 2010, 28 (2): 227-231.

[77] Wei S Q, Zhang M L, Han W, et al. Electrochemical codeposition of Mg-Li-Gd alloys from LiCl-KCl-MgCl₂-Gd₂O₃ melts [J]. Transactions of nonferrous metals society of china, 2011, 21: 825-829.

[78] 张密林, 韩伟, 杨育圣, 等. 一种熔盐电解制备镁锂镝合金的方法: 中国, 200810064626.3 [P]. 2008-10-15.

[79] 张密林, 李梅, 赵全友, 等. 镁锂钬合金、镁锂铽合金的熔盐电解制备方法及装置: 中国, 200810064663.4 [P]. 2008-11-12.

[80] Cao P, Zhang M L, Han W, et al. Electrochemical behaviour of erbium and preparation of Mg-Li-Er alloys by codeposition [J]. Journal of Rare Earth, 2011, 29 (8): 763-767.

2 实验部分

2.1 实验原料和仪器

2.1.1 实验原料

本书涉及的实验所使用的主要化学试剂和原料见表 2-1。

表 2-1 实验所用的主要化学试剂和原料

药品名称	简称或分子式	规格	生产商
氯化镝	$DyCl_3$	A. R.	阿法埃莎化学有限公司
氯化钆	$GdCl_3$	A. R.	阿法埃莎化学有限公司
氯化钐	$SmCl_3$	A. R.	阿法埃莎化学有限公司
氧化镝	Dy_2O_3	A. R.	阿法埃莎化学有限公司
氧化钆	Gd_2O_3	A. R.	阿法埃莎化学有限公司
氧化钐	Sm_2O_3	A. R.	阿法埃莎化学有限公司
无水氯化锂	$LiCl$	A. R.	上海百世化工有限公司
无水氯化钾	KCl	A. R.	天津市永大化学试剂有限公司
无水氯化镁	$MgCl_2$	A. R.	天津市北方天医化学试剂厂
盐酸	HCl	A. R.	莱阳市双双化工有限公司
硝酸	HNO_3	A. R.	莱阳市双双化工有限公司
丙酮	CH_3COCH_3	A. R.	天津市富宇精细化工有限公司
乙醇	CH_3CH_2OH	A. R.	天津市天新精细化工有限公司
硝酸银	$AgNO_3$	A. R.	天津市赢达稀贵化学试剂厂
氩气	Ar	高纯	北京市亚南气体有限公司

药品名称	简称或分子式	规格	生产商
钨丝	W	G. R.	哈尔滨碘钨丝厂
镁棒	Mg	G. R.	上海国药有限公司
石墨棒	C	G. R.	江苏宜兴市电碳二厂

注：A. R. 代表分析纯，G. R. 代表光谱纯，实验中使用的蒸馏水均为二次蒸馏水。

2.1.2　实验仪器

本实验中使用的主要仪器设备见表 2-2。

表 2-2　实验所需主要仪器和设备

仪器名称	型号	生产厂家
电化学工作站	Autolab	瑞士万通有限公司
X 射线衍射仪	TTR-ⅢB	日本理学公司
扫描电子显微镜	JSM-6480A	日本 JEOL 公司
电感耦合等离子体原子发射光谱仪	IRIS Intrepid Ⅱ	美国热电公司
箱式电阻炉	SX-4-10	中国哈尔滨龙江电炉厂
坩埚式电阻炉	SG2-1. 5-10	中国哈尔滨龙江电炉厂
直流稳压稳流电源	WYK-3010	中国扬州华泰电子有限公司

2.1.3　实验装置

实验装置如图 2-1 所示。实验所用的电解槽分为三层，第一层是电阻炉中（图示中的 1）的耐火砖；第二层为在电阻炉中加入的一个高于电阻炉内腔的刚玉套筒（图示中的 8），其作用是避免实验中产生的氯气对炉膛造成腐蚀；第三层为电解池，在本实验中电解池为 200 mL 的刚玉坩埚。

实验中的研究电极以及参比电极都套在刚玉管中，辅助电极为套在石英管内的石墨棒。在实验中刚玉管和石英管的底部都浸在熔盐中，以防止产生的氯气对

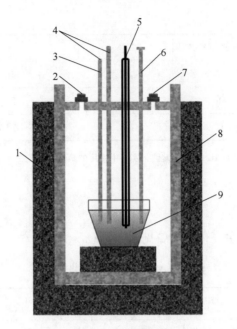

图 2-1　电解装置

1—电阻炉；2—氩气入口；3—研究电极；4—参比电极；5—辅助电极；

6—热电偶；7—氯气出口；8—刚玉套筒；9—刚玉坩埚

电极造成腐蚀。在刚玉套筒上有一个六口的刚玉盖子，六个口分别对应于图 2-1 中的 2~7。整个实验装置近似于与空气隔绝，在氩气入口（2）通入氩气，氯气出口（7）接氯气吸收装置。

2.2　实　验　方　法

2.2.1　实验流程

分离实验的流程如图 2-2 所示，具体的实验流程图 2-2 操作如下。

2.2.1.1　电极的处理

电极的处理包括研究电极的处理、参比电极的制备和辅助电极的处理。

（1）研究电极的处理。本书中使用的研究电极有两种，分别为惰性电极钨丝和活性电极镁棒。钨丝的直径为 1.0 mm，纯度为 99.99%。在使用之前首先需要经过淬火处理，即在 773 K 的马弗炉中加热 4 h，降至室温，以消除钨丝表面缺陷；然后使用砂纸抛光，再置于稀盐酸中浸泡以除去电极表面的氧化层；最后

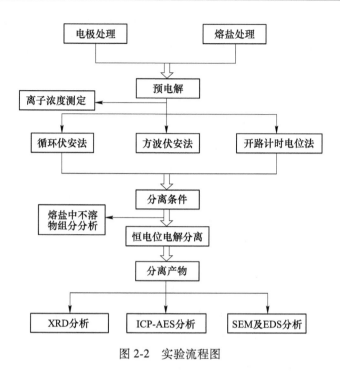

图 2-2　实验流程图

用丙酮进行超声清洗，除去电极表面可能残存的有机物，干燥备用。

活性电极镁棒是底面为 6.0 mm×6.0 mm 正方形的柱体，纯度为 99.99%。在使用前首先使用砂纸打磨，然后用丙酮进行超声清洗，除去电极表面可能残存的有机物，再置于稀盐酸中浸泡几秒钟以便去除电极表面的氧化镁；干燥后要立即使用，防止电极表面再次氧化。

（2）参比电极的制备。本书采用 Ag/Ag⁺ 作为参比电极。参比电极的制备方法如下：首先将参比管的一端打磨出一个小孔；然后将经过砂纸抛光、稀盐酸浸泡、丙酮清洗后的银丝装入参比管内；接着在参比管内充入与熔盐组成相同的等质量比 KCl 和 LiCl 以及浓度为 0.07 mol/L AgCl 的均匀混合物。最后用高温胶将参比电极顶部密封，放入真空干燥箱中保存备用。

（3）辅助电极的处理。采用光谱纯石墨棒为辅助电极，直径为 6.0 mm，纯度为 99.99%。由于实验过程中会产生腐蚀性较强的氯气，为避免石墨受到氯气腐蚀发生断裂，在使用前将石墨棒置于稀盐酸中浸泡、加热 4 h，取出后用蒸馏水清洗，放入真空干燥箱中备用。

2.2.1.2　熔盐的处理

本书采用的电解质体系为等质量比的 KCl 和 LiCl 混合熔盐。对于熔盐的处理主要为除水，在实验前将 KCl 和 LiCl 分别放置于 773 K 和 573 K 的马弗炉中干燥 72 h。实验中用到的其他氯化物如氯化镁、氯化钕、氯化钇、氯化镝则一直保存在真空干燥箱中，避免与空气和水接触。

2.2.1.3　预电解

预电解是为了去除熔融盐中可能存在的一些杂质。本书采用的熔融盐为等质量比的 KCl 和 LiCl 混合熔盐，因此在电化学测试之前，首先在惰性电极上选择 -2.2 V（vs. Ag/0.07 m Ag$^+$）进行预电解 2 h，目的主要是除去熔盐中可能存在的 H_2O 和 O_2，以排除在电化学测试中的干扰。

2.2.1.4　熔盐中离子浓度的测定

在本书中涉及的几种氯化物都完全溶于水，因此测量熔盐中稀土离子浓度的具体方法如下：首先在静置的熔盐中用干净、冷却的刚玉管浸入熔盐中并迅速取出，此时刚玉管上会沾有少许冷却的熔盐；然后取下熔盐，称量质量并溶于蒸馏水中，根据 ICP-AES 分析结果计算出熔盐中稀土的离子浓度。

2.2.1.5　熔盐中不溶物组分的分析

熔盐中的不溶物通常沉淀在熔盐底部。其分析方法为在实验结束后将刚玉坩埚及熔盐自然冷却至室温，然后将刚玉坩埚以及熔盐一同放入盛有蒸馏水的大烧杯内，放于真空干燥箱中。待坩埚中的所有物质溶解在蒸馏水中之后，取出坩埚，对蒸馏水中的物质进行过滤、干燥，将所得的粉末放于真空干燥箱中待进一步分析。

2.2.2　电极的选择

本研究采用了直接电沉积、阴极合金化和共还原三种方法对稀土分离进行研究，根据三种电解分离方法的特点，选择了适合本书体系的电极。

（1）直接电沉积法。选择了与稀土不形成合金的惰性电极——钨。

（2）阴极合金化法。本书选择了固态电极法而非液态电极法，并且选择了在目前稀土电解分离中尚被应用的一种活性电极——镁。其原因是液态阴极虽然可以有效地提高稀土离子活度[1, 2]，使得稀土离子更容易沉积在电极上，但是这对于析出电位非常接近的稀土元素之间的分离是不利的，因此选择固态电极法。

另外，目前的研究者们选择稀土提取、分离最常用的固态电极是铝电极，而在铝电极上稀土钕、钇和镝的电化学行为已有相关报道，从研究者们的研究结果可以看出，在铝电极上，三种稀土与铝形成合金的析出电位非常接近，不利于分离。而镁对于这三种稀土也是良好的合金化元素。因此，我们选择了活性镁电极作为阴极研究稀土钐、钆和镝在电极上的分离。

（3）共还原法。共还原法相比较其他两种方法具有一个很大的优势，就是可以在较低温度下直接得到液态合金，这非常有利于熔点较高金属的提取，而稀土金属为高熔点金属，其熔点都在 1600 K 左右。因此，采用共还原法可以在较低的温度提取、分离稀土金属，而且由于所得到的合金为液态，使得其组分均匀、不偏析[3]。但是因为在共还原的过程中对于不同离子的析出电位的影响因素很多，这使得目前国内外采用共还原法研究稀土分离的文献较少。在本书中，采用共还原法研究稀土分离所选择的合金化元素同样为镁，其在熔盐中的添加形式为氯化镁，选择的研究电极为惰性钨电极。

2.2.3 电解质体系的选择

对于电解质体系的选择，通常需要满足以下几个条件[4-7]：

（1）理论分解电压。理论分解电压是指热力学可逆分解电压，它是阳极产物和阴极产物平衡电位之差。在熔盐电解中，需要电解质所含阳离子的析出电位应比原料中的阳离子析出电位更负；而电解质所含阴离子的析出电位应比被研究阴离子的析出电位更正。只有这样，电解质在电解过程中才能稳定存在而不分解[8]。

（2）电导率。优良的电解质应该具有较高电导率。目前常用的离子导电性好的熔盐有 NaCl、KCl、NaF、LiCl、LiF 等[9]。

（3）蒸气压。一般来讲，电解质应该选择具有低蒸气压的熔盐体系。因为如果电解质蒸气压过高，在电解过程中会损失大量的电解质，从而改变了原本电解质的组成和性质，同时污染环境。

（4）熔点。越低的电解温度越节约能源。因此选择低熔点的电解质体系，不仅能够减少能耗，而且较低的电解温度同样有利于实际生产上的操作。

（5）腐蚀性。选择的电解质应该尽可能地减少对电解槽结构材料的腐蚀，这样才有可能把电解槽的结构做得更合理、更高效。

本书主要研究的是阴极电化学行为，因此电解质中阳离子的理论分解电压需要比稀土离子的析出电位更负。根据能斯特方程的理论计算，Na（Ⅰ）、K（Ⅰ）和 Li（Ⅰ）的理论分解电压负于大多数稀土离子。因此，首先确定了电解质的阳离子可以为 Na（Ⅰ）、K（Ⅰ）和 Li（Ⅰ）。目前，在稀土分离研究中常用的熔盐电解质基本都为 Na(Ⅰ)、K(Ⅰ) 和 Li(Ⅰ) 的氯化物和氟化物，它们都具有优秀的电导率和较低的蒸气压。

目前关于稀土元素的电化学行为以及提取、分离的研究通常是在以上三种碱金属的氯化物或氟化物体系中进行。在氯化物电解质体系中研究稀土元素的电化学行为以及提取、分离稀土金属，通常选择的添加物为稀土氯化物，这是由于稀土氯化物在氯化物电解质体系中有良好的溶解性，可以电离出稀土离子。但是稀土氯化物易潮解，不易储存和运输，而且在自然界中所存在的稀土多为稀土氧化物，根据西班牙学者 Y. Castrillejo[10] 和韩国学者 Y. J. Cho[11] 的研究结果证明，稀土氧化物不溶于氯化物电解质中，即不会电离出稀土离子。

关于稀土氧化物直接提取、分离通常是在氟化物电解质体系中进行。氟化物的腐蚀性远大于氯化物的腐蚀性，对于电解槽的结构材料有更高的要求。同时氟化物体系的熔点相对于氯化物体系更高，在电解过程中就需要消耗更大的能耗。比较氯化物与氟化物体系的优缺点，本书选取了熔点和腐蚀性都更低的 Na(Ⅰ)、K(Ⅰ) 和 Li(Ⅰ) 的氯化物。对于 NaCl、KCl 和 LiCl 这三种熔盐的比较，NaCl-KCl、LiCl-NaCl 和 KCl-LiCl 的低共熔点分别是 657 ℃、554 ℃ 和 352 ℃，越低的熔点越有利于减少能耗、便于实验操作，因此本书选择 KCl-LiCl 为电解质。

本书在电解方法上选择了直接电沉积法、阴极合金化法和共还原法。在书中，直接电沉积法和阴极合金化法分别是在惰性 W 电极和活性 Mg 电极上在 KCl-LiCl 电解质中直接添加氯化稀土混合物进行分离。采用共还原法分离的研究中，本书根据对氯化物电解质与氟化物电解质的比较，综合二者的优点使用了一种全新的电解质体系——KCl-LiCl 熔盐中添加氧化稀土。这不仅解决了氟化物体系高腐蚀性、高设备要求的问题，而且解决了氯化稀土易潮解和不易储存运输的问题。但是由于氧化稀土不溶于 KCl-LiCl 电解质，因此我们需要在熔盐中对氧化稀土进行氯化。

常用稀土氧化物的氯化剂有 $AlCl_3$[12,13] 和 $ZrCl_4$[14]，它们之所以能够对氧化稀土有氯化作用，是由于 $AlCl_3$ 和 $ZrCl_4$ 为分子晶体，相对于离子晶体更容易与氧化稀土发生反应生成氯化稀土和 Al_2O_3/ZrO_2。但是分子晶体同时也具有易挥发的特点，$AlCl_3$ 在 178 ℃、$ZrCl_4$ 在 331 ℃ 都发生升华现象，而 KCl-LiCl 低共晶盐的熔点为 352 ℃，因此，在熔盐中如果采用这两种化合物对稀土氧化物进行氯化，所造成的挥发损失是非常大的。本书根据氯化反应发生的原理，选择了性质介于分子晶体和离子晶体之间的 $MgCl_2$ 作为氯化剂，在 $KCl-LiCl-RE_2O_3$ 电解质体

系中通过添加 $MgCl_2$ 直接提取、分离稀土氧化物，这是本书的一个创新点。

2.3 测试与表征

根据图 2-2 的实验流程图可以看出，关于稀土之间分离的研究方法主要为电化学测量和分离产物的表征。下面介绍一下在书中所采用的电化学测量手段及产物的表征方法。

2.3.1 电化学测试

本书主要应用的电化学测量手段有循环伏安法、方波伏安法和开路计时电位法。通过这三种电化学测量方法研究稀土之间的分离。这三种方法在本书中都是为了研究金属离子在阴极上的电化学行为，包括析出电位（用于计算析出电位差）及离子的电子转移数等。

（1）循环伏安法。用于研究在体系中可能发生的电化学反应。通过在循环伏安曲线上还原/氧化峰来判定发生何种电化学反应，得到的循环伏安曲线是其他电化学测试方法研究、对比的基础。

（2）方波伏安法。方波伏安法作为一种快速、高灵敏度的电分析方法，在本书中主要用于分析某些特定电化学信号，并用于电子转移数 n 的计算。

（3）开路计时电位法。开路计时电位法作为一种稳态电化学方法，在本书中用于研究在阴极表面沉积金属的溶解平衡过程。由于采用开路计时电位法所得出的电位为离子/金属的平衡电位，因此可以用于计算析出电位差 ΔE。

2.3.2 电感耦合等离子体原子发射光谱仪

本书使用美国热电公司生产的 IRIS Intrepid II 型电感耦合等离子体原子发射光谱仪（inductively coupled plasma atomic emission spectrometer，ICP-AES）对熔盐中离子含量及分离产物中金属含量进行测定。对熔盐中离子含量的测定是将熔盐溶于水中配成试样进行分析，对于分离产物中金属含量的测定是将所得沉积物溶于王水配成试样进行分析。

2.3.3 X 射线衍射分析

本书应用日本理学公司生产的 TTR-III B 型 X 射线衍射仪（XRD）对晶体结

构进行分析。分离产物在砂纸上进行打磨、抛光，保证样品干净无污染后进行测试；粉末样品干燥后直接测试。测试条件为：Cu-Kα 辐射，波长 0.15406 nm，管电流 150 mA，管电压 40 kV。

2.3.4　扫描电子显微镜分析

本书应用日本 JEOL 公司生产的 JSM-6480A 型扫描电子显微镜（SEM）对合金样品进行形貌与显微结构的观察。将分离产物在砂纸上进行打磨和抛光，在测试前用 2%（体积分数）的硝酸酒精对待进行表面形貌观察的样品进行腐蚀。结合能谱分析仪（EDS）对微区进行成分分析，从而实现对合金中金属分布的分析与表征。

参 考 文 献

［1］ Finne J, Picard G, Sanchez S, et al. Molten salt/liquid metal extraction: Electrochemical determination of activity coefficients in liquid metals [J]. Journal of Nuclear Materials, 2005, 344: 165-168.

［2］ Castrillejo Y, Bermejo R, Martínez A M, et al. Application of electrochemical techniques in pyrochemical processes-electrochemical behavior of rare earths at W, Cd, Bi and Al electrodes [J]. Journal of Nuclear Materials, 2007, 360: 32-42.

［3］ Srivastava R D, Nigam S K. Theories of alloy deposition: A brief survey [J]. Surface Technology, 1979, 8 (5): 371-384.

［4］ Bockris, Drazic D. 电化学科学 [M]. 夏熙，译. 北京：人民教育出版社，1984.

［5］ 杨绮琴. 熔盐技术的应用 [J]. 大学化学，1994, 9 (3): 1-5.

［6］ 邱竹贤，张明杰. 熔盐电化学 [M]. 沈阳：东北大学出版社，1989.

［7］ 谢刚. 熔融盐理论与应用 [M]. 北京：冶金工业出版社，1999.

［8］ 阿伦 J 巴德，拉里 R 福克纳. 电化学方法原理和应用 [M]. 北京：化学工业出版社，2008.

［9］ 张明杰，邱竹贤. Na, LiF, NaCl 熔盐的微观结构 [J]. 东北工学院学报，1989, 2: 144.

［10］ Castrillejo Y, Bermejo M R, Barrado E, et al. Solubilization of rare earth oxides in the eutectic LiCl-KCl mixture at 450 ℃ and in the equimolar CaCl₂-NaCl melt at 550 ℃ [J]. Journal of Electroanalytical Chemistry, 2003, 545: 141-157.

［11］ Chu Y J, Yang H C, Eun H C, et al. Characteristics of oxidation reaction of rare-earth chlorides for precipitation in LiCl-KCl molten salt by oxygen sparging [J]. Journal of Nuclear Science and

Technology, 2006, 43 (10): 1280-1286.

[12] Tang H, Yan Y D, Zhang M L, et al. $AlCl_3$-aided extraction of praseodymium from Pr_6O_{11} in LiCl-KCl eutectic melts [J]. Electrochimica Acta, 2013, 88: 457-462.

[13] Yan Y D, Li X, Zhang M L, et al. Electrochemical extraction of ytterbium and formation of Al-Yb alloy from Yb_2O_3 assisted by $AlCl_3$ in LiCl-KCl melt [J]. Journal of the Electrochemical Society, 2012, 159 (11): 649-655.

[14] Sakamura Y, Inoue T, Iwai T, et al. Chlorination of UO_2, PuO_2 and rare earth oxides using $ZrCl_4$ in LiCl-KCl eutectic melt [J]. Journal of Nuclear Materials, 2005, 340: 39-51.

③ SmCl₃ 和 DyCl₃、Sm₂O₃ 和 Dy₂O₃ 在惰性电极上的电解分离

3.1 引　言

本书的研究内容为稀土元素 Sm、Dy、Gd 的分离，因此需要分别对 Sm/Dy、Sm/Gd、Dy/Gd 的分离进行研究。本章主要研究 Sm 和 Dy 的分离。

本章在 KCl-LiCl 熔盐中分别研究了 $SmCl_3$ 和 $DyCl_3$ 在惰性 W 电极上的电化学行为，并探讨了在 KCl-LiCl-$SmCl_3$-$DyCl_3$ 电解质体系中 $SmCl_3$ 和 $DyCl_3$ 的分离，通过电子转移数和析出电位差计算出在惰性电极上 $SmCl_3$ 和 $DyCl_3$ 的分离系数。在 KCl-LiCl 熔盐中分别研究了 Sm_2O_3、Dy_2O_3 在添加 $MgCl_2$ 之后的氯化反应，借助于循环伏安法、方波伏安法、开路计时电位法、熔盐组分的 ICP-AES 和 XRD 等分析测试手段研究 $MgCl_2$ 对 Sm_2O_3 和 Dy_2O_3 的氯化作用，并探讨氯化反应发生的热力学依据。通过 Sm 离子和 Dy 离子在 KCl-LiCl-$MgCl_2$ 熔盐中的电子转移数和析出电位差计算 Sm_2O_3 和 Dy_2O_3 的分离系数。在惰性 W 电极上通过共还原法分离 Sm_2O_3 和 Dy_2O_3，计算 Sm_2O_3 和 Dy_2O_3 的分离效率，并对分离产物进行成分和结构分析。

3.2 SmCl₃ 和 DyCl₃ 在钨电极上电解分离的研究

3.2.1 SmCl₃ 在钨电极上的电化学行为

在 KCl-LiCl 熔盐中添加 $SmCl_3$ 前后的循环伏安曲线如图 3-1 所示。其中，图 3-1（a）为未添加 $SmCl_3$ 的循环伏安曲线，从图中可以看出，曲线上只有一对还原氧化峰 A_c/A_a，根据能斯特方程计算，Li 离子的平衡电位正于 K 离子的平衡电位，因此认为 A_c 峰为 Li 离子还原为金属 Li 的过程，相对应的 A_a 峰为金属 Li 的

氧化过程。除了 Li(Ⅰ)/Li(0) 这对还原氧化峰，曲线上没有观察到其他的电化学信号，这说明 Li(Ⅰ) 离子与 W 电极没有 W-Li 金属间化合物的形成，因此没有检测到其他电化学信号，这一结论与对 W-Li 相图[1] 的分析一致。因此，作者将图 3-1（a）作为在 873 K、KCl-LiCl 熔盐中循环伏安曲线的基线，在后面的研究中将其与含有添加物的其他电解质体系的循环伏安曲线进行对比分析。

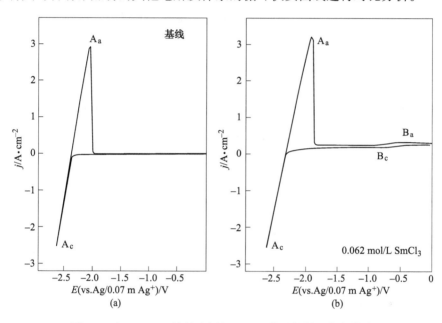

图 3-1　在 KCl-LiCl 熔盐中添加 SmCl₃ 前后的循环伏安曲线

（a）在 KCl-LiCl 熔盐中的循环伏安曲线；（b）在 KCl-LiCl-SmCl₃（0.062 mol/L）熔盐中的循环伏安曲线

（工作电极为钨丝，温度为 873 K，扫描速度为 0.1 V/s）

图 3-1（b）为在 KCl-LiCl 熔盐中添加了 SmCl₃ 之后的循环伏安曲线。从曲线中可以看出在添加 SmCl₃ 之后，检测出一对还原氧化峰 B_c/B_a。据已有关于 Sm 离子电化学性质的报道，G. Cordoba[2]，Y. Castrillejo[3, 4] 和 L. Massot[5] 等研究者分别在 $CaCl_2$-NaCl、KCl-LiCl 和 LiF-CaF_2 熔盐中发现了 Sm(Ⅲ) 的还原为变价过程，并且证实了熔盐中存在 Sm(Ⅱ) 离子。式（3-1）为 Ag/Ag^+ 参比电极相对于 Cl_2/Cl^- 标准电极电位转化的公式。将 Y. Castrillejo 等研究者在 KCl-LiCl 熔盐中所观察到 Sm(Ⅲ) 还原为 Sm(Ⅱ) 的电位经过计算与图 3-1（b）中还原峰 B_c 相比较，计算结果表明二者的电位非常接近，因此认为 B_c 为 Sm(Ⅲ) 还原为 Sm(Ⅱ) 的电化学信号。

如图 3-1 所示，在 KCl-LiCl 电解质的电势窗口中没有观察到 Sm（Ⅱ）还原为 Sm（0）的电化学过程。根据 Sm（Ⅱ）熔融金属氯化物的电极电位-3.787 V（vs. Cl₂/Cl⁻）[6]通过式（3-1）计算出在 873 K 下 KCl-LiCl 熔盐中 Sm（Ⅱ）离子的电极电位大约为-2.9 V。这个电位负于 Li（Ⅰ）还原为金属 Li 的电位，因此在 KCl-LiCl 熔盐的电势窗口中不能观察到 Sm（Ⅱ）离子的还原信号。这说明变价稀土 Sm 在 KCl-LiCl 熔盐中不能以金属的形式在惰性电极上析出，这对于 Sm 与非变价稀土通过电解的方法分离是有利的。

$$E_{Ag/Ag^+} = E_{Ag/Ag^+}^0 + \frac{RT}{nF}\ln\frac{a_{Ag^+}}{a_{Ag}} \qquad (3-1)$$

为了进一步研究 Sm（Ⅲ）离子的还原过程，作者进行了方波伏安实验。方波伏安法相比于循环伏安法具有更高的灵敏度，通常被用于计算电极反应过程中的电子转移数。其计算方法如式（3-2）所示：

$$W_{1/2} = \frac{3.52RT}{nF} \qquad (3-2)$$

式中 $W_{1/2}$——半峰电位差，V；

n——电子转移数；

F——法拉第常数，C/mol；

R——理想气体状态常数，J/(mol·K)；

T——温度，K。

根据实验测量出半峰电位差（$W_{1/2}$）即可计算出电极反应过程中的电子转移数。图 3-2 为在 KCl-LiCl-SmCl₃ 熔盐中测量出的方波伏安曲线，其中实线为实验曲线。如图 3-2 所示，还原峰 B_c 的峰电位与图 3-1（b）中还原峰 B_c 一致。作者对该方波伏安曲线进行了高斯拟合，得到图 3-2 中的虚线。比较两条曲线可以看出，实验曲线与高斯拟合曲线的拟合度比较高，因此作者认为 Sm 离子的方波伏安曲线近似为对称，即峰 B_c 为一步电子转移过程。对峰 B_c 的半峰电位差取值为 0.26 V，通过式（3-2）计算得出电子转移数 n 为 1.02，近似为 1。因此，作者认为在图 3-1（b）和图 3-2 中，在峰 B_c 电位发生了 Sm（Ⅲ）到 Sm（Ⅱ）一步单电子的还原过程。

3.2.2 DyCl₃ 在钨电极上的电化学行为

在 KCl-LiCl 熔盐中添加 DyCl₃ 之后的循环伏安曲线如图 3-3 所示。

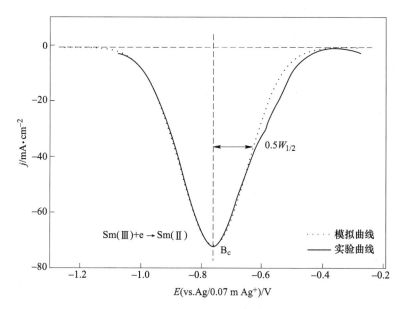

图 3-2　在 KCl-LiCl-SmCl₃(0.062 mol/L) 熔盐中的方波伏安曲线

（脉冲振幅为 25 mV，电势阶跃为 1 mV；频率为 30 Hz，工作电极为钨丝，温度为 873 K）

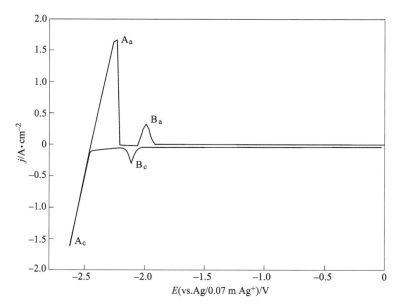

图 3-3　在 KCl-LiCl-DyCl₃(0.062 mol/L) 熔盐中的循环伏安曲线

（工作电极为钨丝，温度为 873 K，扫描速度为 0.1 V/s）

　　将图 3-3 与图 3-1 中 KCl-LiCl 熔盐的循环伏安曲线进行对比，确定 A_c/A_a 为 Li(Ⅰ)/Li(0) 的还原氧化峰。添加 DyCl₃ 后在循环伏安曲线上出现了一对还原氧化峰 B_c/B_a，峰 B_c 的还原电位通过式（3-1）计算与 Y. Castrillejo 等[7] 研究者在 723 K、KCl-LiCl 熔盐中通过循环伏安法和方波伏安法所报道的 Dy(Ⅲ) 离子的还原电位 − 2.1 V（vs. Ag/0.075 m Ag⁺）一致。因此，我们认为 B_c/B_a 为 Dy(Ⅲ)/Dy(0) 的还原氧化峰。从图中可以明显看出，循环伏安曲线上除了 Li(Ⅰ)/Li(0) 和 Dy(Ⅲ)/Dy(0) 的还原氧化峰，没有其他的电化学信号，因此可以说明 Li 和 Dy 没有金属间化合物形成，这与对二者相图的分析吻合。

　　采用方波伏安法研究 Dy(Ⅲ) 离子电化学过程所得到的方波伏安曲线如图 3-4 所示。其中图 3-4 中由方块组成的曲线为实验曲线，从图中可以看出，实验所得方波伏安曲线不具有良好的对称性，通常这种情况可以认为所得到的峰为两个峰的叠加。因此作者将实验曲线通过高斯拟合计算后，经过分峰软件处理得到两个峰，分别为峰 A 和峰 B。从图中可以看出，拟合之后的曲线与实验曲线非常吻合，且两个峰峰 A 和峰 B 完全对称。峰 A 和峰 B 的半峰电位差分别为 0.22 V

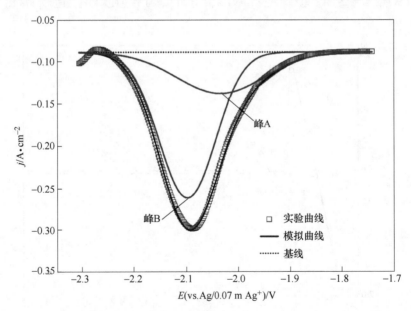

图 3-4　在 KCl-LiCl-DyCl₃（0.062 mol/L）熔盐中的方波伏安曲线

（脉冲振幅为 25 mV，电势阶跃为 1 mV，频率为 30 Hz，

工作电极为钨丝，温度为 873 K）

图 3-4 彩图

和 0.13 V，通过式（3-2）计算两个峰的电子转移数 n 分别是 1.2 和 2，近似为 1 和 2。因此，可以认为 Dy（Ⅲ）先得到一个电子还原为 Dy（Ⅱ），之后再得到两个电子形成金属 Dy。这一过程与 Y. Castrillejo 等[7]研究者的研究结果一致。

为了进一步研究 Dy（Ⅲ）离子的电子转移过程，在 KCl-LiCl-DyCl₃ 电解质体系、−1.7~−2.2 V 电势窗口内测试了不同扫描速度的循环伏安曲线，测试结果如图 3-5 所示。从图 3-5 这一组不同扫描速度的循环伏安曲线可以看出，在反向扫描的氧化过程中，低扫描速度时只能观察到一个氧化峰 B_a。随着扫描速度的增加，可以明显地观察到两个氧化峰 B_a 和 A_a 及氧化峰 B_a 对应的还原峰 B_c。而氧化峰 A_a 所对应的还原峰 A_c 在曲线中却不甚明显。作者分析其原因是在正向扫描过程中，由于电极表面 Dy（Ⅲ）离子的浓度很高，在 Dy（Ⅲ）离子还原为 Dy（Ⅱ）离子的过程中没有发生浓差极化现象。随着正向扫描的进行，当电位达到 Dy（Ⅱ）离子的还原电位时，出现还原峰 B_c。因此，在整个正向扫描过程中，未检测到 Dy（Ⅲ）离子转化为 Dy（Ⅱ）离子的还原峰 A_c。通过对不同扫描速度的循环伏安曲线分析，同样可以认为 Dy（Ⅲ）离子的还原是两个连续的分步过程。首先 Dy（Ⅲ）离子得到一个电子变成 Dy（Ⅱ），之后再得到两个电子还原为金属 Dy。

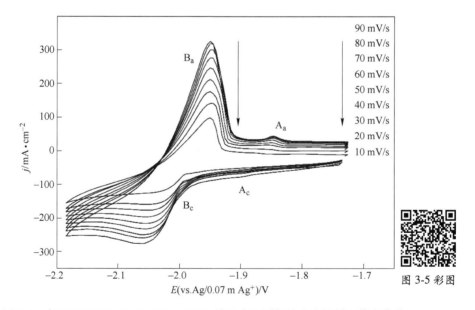

图 3-5 彩图

图 3-5　在 KCl-LiCl-DyCl₃（0.062 mol/L）熔盐中不同扫描速度的循环伏安曲线

（工作电极为钨丝，温度为 873 K，扫描速度为 10~90 mV/s）

3.2.3　SmCl₃ 和 DyCl₃ 在钨电极上的电化学行为及分离的研究

图 3-6（a）为在 KCl-LiCl 电解质体系中添加了 SmCl₃ 和 DyCl₃ 之后的循环伏安曲线。在图 3-6（a）中曲线上可以观察到三对还原氧化峰，分别为 A_c/A_a、B_c/B_a 和 C_c/C_a。将 B_c/B_a 和 C_c/C_a 还原氧化峰放大如图 3-6（a）中插入图所示。图中 A_c/A_a 为 Li(Ⅰ)/Li(0) 的氧化还原过程。与图 3-6（b）（KCl-LiCl-SmCl₃）熔盐和图 3-6（c）（KCl-LiCl-DyCl₃）熔盐的循环伏安曲线对比可以认为在图 3-6（a）中 B_c/B_a 为 Dy(Ⅲ)/Dy(0) 的还原氧化过程，C_c/C_a 为 Sm(Ⅲ)/Sm(Ⅱ) 的还原氧化过程。由于 Dy(Ⅲ) 离子的浓度较低，电极表面 Dy(Ⅲ) 离子浓度与经过第一步还原反应生成的 Dy(Ⅱ) 离子浓度相近，使得 Dy(Ⅲ) 离子的还原反应与 Dy(Ⅱ) 离子的还原反应同时存在，因此在图 3-6（a）的循环伏安曲线中未观察到 Dy(Ⅲ) 离子先还原为 Dy(Ⅱ) 再还原为 Dy(0) 的两个独立的电化学反应过程，在图 3-6（a）中所观察到的 Dy(Ⅲ) 离子的电子转移过程是这两个快速反应综合作用的结果。

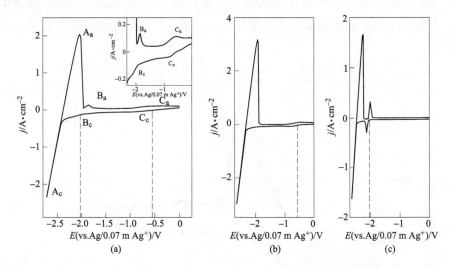

图 3-6　在 KCl-LiCl-DyCl₃（0.031 mol/L）-SmCl₃（0.031 mol/L）熔盐中的循环伏安曲线

（a）、在 KCl-LiCl-SmCl₃ 熔盐中的循环伏安曲线（b）和在 KCl-LiCl-DyCl₃ 熔盐中的

循环伏安曲线（c）

（工作电极为钨丝，温度为 873 K，扫描速度为 0.1 V/s）

在图 3-6（a）的循环伏安曲线中，除了 A_c/A_a、B_c/B_a 和 C_c/C_a 三对还原氧化信号之外，未观察到其他的电化学信号。在之前的研究中，已经证实在 KCl-LiCl

电解质体系中没有 W-Li、Dy-Li 金属间化合物形成。根据 Sm-Dy[8] 相图（见图 3-7)可以看出，Sm 与 Dy 不存在金属间化合物。因此，在图 3-6（a）的循环伏安曲线中没有观察到 Sm（Ⅱ）或者 Sm（Ⅲ）离子在金属 Dy 上的去极化现象，有利于二者的分离。

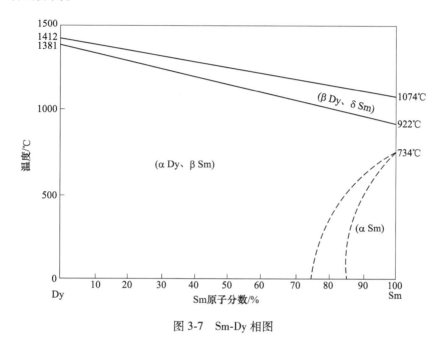

图 3-7 Sm-Dy 相图

SmCl₃ 和 DyCl₃ 的分离系数可以根据式（1-7）计算。根据电化学研究得出的 Dy（Ⅲ）离子和 Sm（Ⅱ）离子的还原电位可知，二者的分离过程为 DyCl₃ 以金属 Dy 的形式沉积，而 SmCl₃ 保留于电解质中。因此在式（1-7）中 n 为 DyCl₃ 还原为金属 Dy 的电子转移数，但是在不同扫描速度、不同浓度下可以观察到 Dy 离子一步三电子转移和两步电子转移两种还原过程，因此分别计算了转移电子数 n 为 2 和 3 时的分离系数。由于 Sm（Ⅱ）离子的还原电位要负于电解质中的 Li（Ⅰ）离子的还原电位，在 KCl-LiCl 熔盐中不能够观察到 Sm（Ⅱ）离子还原为 Sm（0）的电化学反应，因此，不能得出 Dy（Ⅲ）离子和 Sm（Ⅱ）离子之间的电位差。而根据式（1-7）可以看出，在温度和转移电子数一定时，分离系数与电位差成正比。因此在本书中，选择了两种离子之间的最小电位差（即 Dy（Ⅲ）离子与 Li（Ⅰ）离子之间的还原电位差）来计算 Dy（Ⅲ）离子和 Sm（Ⅱ）离子之间的最小分离系数。

　　作者采用开路计时电位法计算 Dy(Ⅲ) 离子与 Li(Ⅰ) 离子之间的电位差。图 3-8 为在 KCl-LiCl-SmCl₃-DyCl₃ 熔盐中的开路计时电位曲线，沉积电位为 −2.4 V，沉积时间为 300 s。从图中可以观察到两个明显的电位平台，分别为金属 Li 的溶解平台 1 和金属 Dy 的溶解平台 2。作者根据图 3-8 中两个平台的电位计算 Dy(Ⅲ) 离子与 Li(Ⅰ) 离子的电位差，通过式 (1-7) 计算了 Dy(Ⅲ) 离子与 Li(Ⅰ) 离子的分离系数，即 Dy(Ⅲ) 离子与 Sm(Ⅱ) 离子的最小分离系数。得出 n 为 2 或者 3 时，Dy(Ⅲ) 离子与 Sm(Ⅱ) 离子的最小分离系数都大于 99.99%，这说明 SmCl₃ 和 DyCl₃ 采用直接沉积法分离的分离系数相当高。

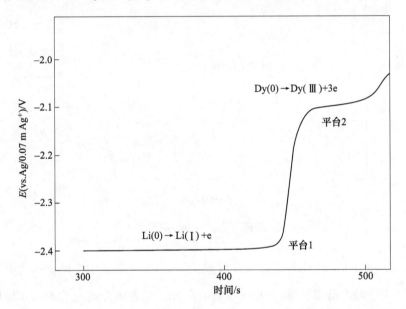

图 3-8　在 KCl-LiCl-DyCl₃(0.062 mol/L)-SmCl₃(0.062 mol/L) 熔盐中的开路计时电位曲线
(工作电极为钨丝，沉积电位为 −2.4 V，沉积时间为 300 s，温度为 873 K)

　　Dy-Sm 相图证实了二者没有金属间化合物的形成，循环伏安曲线的分析结果证实了 Sm(Ⅲ) 或者 Sm(Ⅱ) 离子在先沉积的金属 Dy 上不发生去极化现象。因此，在 W 电极上进行 DyCl₃ 与 SmCl₃ 的电解分离在理论上是可行的。在惰性电极上进行稀土分离可以直接得到稀土金属，方便于分离之后的再处理。一般情况下，在惰性电极上分离可以选择恒电位电解法和恒电流电解法。但是由于电解质为 KCl-LiCl 熔盐，其中 Li 和 K 离子的浓度远大于 Dy 离子和 Sm 离子的浓度，如果采用恒电流电解进行分离，在电极表面易发生浓差极化现象，使得 Li 离子同样会沉积在电极上，不利于分离。因此，作者采用恒电位电解的方法对 DyCl₃ 和

SmCl₃ 进行电解分离。

电解分离的实验温度仍然采用电化学测试所选择的 873 K，分离电位选择为 −2.3 V。选择此电位进行电解分离的原因是 Li（Ⅰ）离子的还原电位负于 −2.3 V，理论上可以最大限度地使金属 Dy 沉积，而 Li、K 和 Sm 仍然以各自氯化物的形式保留在熔盐中，从而达到分离的目的。

根据以上的分析，在惰性 W 电极上采用 −2.3 V 通过恒电位电解进行 SmCl₃ 和 DyCl₃ 的分离。电解 2 h、3 h、4 h 之后，在电极表面和熔盐底部都未收集到金属 Dy。分析原因，由于在 873 K 的实验条件下，Dy（Ⅲ）离子以固态金属的形式沉积并脱落到熔盐里，而继续沉积的金属 Dy 仍然以固态形式生成。但是由于沉积的金属 Dy 为固态颗粒，很难聚集在一起形成大颗粒的金属 Dy。当电解过程中产生的氯气从熔盐中逸出时，对熔盐起到了一定的搅拌作用，使熔盐处于流动状态，此时一部分小颗粒的金属 Dy 移动到了阳极重新氧化成 Dy（Ⅲ）离子，一部分散落在电解质底部无法收集。因此，可以认为对于稀土金属的电解提取，虽然说在理论上可行，但是需要实验温度达到稀土金属的熔点。而无论在工业生产还是基础研究中，由于稀土金属的熔点很高且沉积电位较负，因此以金属的形式进行提取、分离稀土相当困难。

共还原法可以很好地解决以上两个问题。当稀土与另一金属以合金的形式共同还原时，不仅可以降低实验温度，而且由于在形成合金过程中通常会发生去极化和合金化作用，可以使稀土的沉积电位正移，从而减少在分离过程中的能耗。

对于稀土元素以共还原的方式提取或者分离，选择合金化元素需满足以下两个条件：

（1）合金化元素的平衡电位要正于待分离的稀土元素。这样才可以使稀土在该合金化元素上沉积。

（2）合金化元素能够与稀土元素形成合金化合物，这样才能使得实验温度降低，并且由于二者发生去极化和合金化作用，使得稀土的沉积电位正移，有利于提取。

根据已有关于稀土元素通过合金化的方法提取或者分离的报道，主要合金化元素有 Al、Bi 和 Cd，其中以 Al 为合金化元素提取稀土的研究最为全面。已有的报道包括除了 Pm 之外的所有稀土元素与 Al 合金化的电化学行为研究。但是根据 Al-Dy、Al-Sm、Al-Gd 合金的研究，三者的形成电位非常接近，使得三种稀土与 Al 形成合金后很难分离。而 Mg 作为合金化元素，其平衡电位要正于稀土的平衡电位，且可以与稀土形成多种合金化合物，从而降低电解温度。因此，本书借助于添加氯化镁通过共还原法进行稀土分离的研究。

3.3　Sm$_2$O$_3$ 和 Dy$_2$O$_3$ 在氯化镁的氯化作用下的电解分离

3.3.1　Sm$_2$O$_3$ 在 KCl-LiCl-MgCl$_2$ 熔盐中的电化学行为及氯化镁的氯化作用

由于氧化稀土不溶于 KCl-LiCl 熔盐，因此作者选择了在电解质中添加 MgCl$_2$。添加 MgCl$_2$ 有两个目的：第一，氯化镁的晶体结构介于分子晶体和离子晶体之间，可以与稀土氧化物发生氯化反应；第二，镁可以与稀土形成 Mg-RE 合金，从而使高熔点的稀土金属可以在低温条件下以合金的形式沉积出来。因此，作者研究了 MgCl$_2$ 在 KCl-LiCl 电解质中的电化学行为。

图 3-9 为在 KCl-LiCl 熔盐中加入了 MgCl$_2$ 之后的循环伏安曲线。曲线中氧化还原峰 A$_c$/A$_a$ 为 Li（Ⅰ）/Li（0）的氧化还原反应。对比图 3-1 中 KCl-LiCl 熔盐的循环伏安曲线可以观察到在添加 MgCl$_2$ 之后，循环伏安曲线中检测到一对氧化还

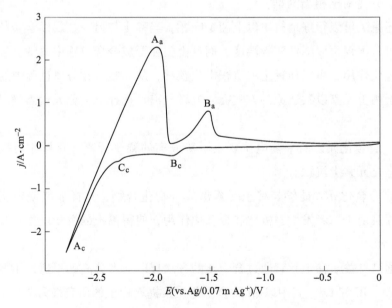

图 3-9　在 KCl-LiCl-MgCl$_2$（0.175 mol/L）熔盐中的循环伏安曲线

（工作电极为钨丝，温度为 873 K，扫描速度为 0.1 V/s）

原峰 B_c/B_a。作者根据式（3-1）计算了在 873 K、相对于 Ag/0.07 m Ag⁺ 参比电极 Mg(Ⅱ) 离子还原为金属镁的电极电位为 -1.75 V，因此，作者认为还原信号 B_c 为 Mg(Ⅱ) 离子还原为金属镁的电化学过程，而对应的还原峰 B_a 为沉积的金属镁氧化为 Mg(Ⅱ) 离子的电化学信号。在 Li(Ⅰ) 离子还原为金属 Li 的还原峰 A_c 和 Mg(Ⅱ) 离子还原为金属镁的还原峰 B_c 之间，观察到了一个电化学信号 C_c。根据 Mg-Li[9] 合金相图，Mg 和 Li 可以形成金属间化合物。而且根据已有的研究[10]，Mg-Li 合金峰的形成电位与图 3-9 中的 C_c 相近。因此，作者推断还原信号 C_c 为 Li(Ⅰ) 离子在预沉积的金属镁上发生欠电位沉积，并形成 Mg-Li 金属间化合物的电化学信号。其对应的氧化峰在曲线中没有观察到，推测原因为金属 Li 的氧化信号非常强，从而将 Mg-Li 金属间化合物的氧化过程所掩盖，即观察到的 A_a 为金属 Li 和 Mg-Li 金属间化合物氧化信号的合并。

根据西班牙学者 Y. Castrillejo[11] 和韩国学者 Y. J. Cho[12] 的研究结果证明，稀土氧化物不溶于氯化物电解质中，即不能电离出稀土离子。作者在 KCl-LiCl 熔盐中添加了 Sm₂O₃，如图 3-10（a）所示，所得到的循环伏安曲线与 KCl-LiCl 电解质的基线相同，除了 Li(Ⅰ)/Li(0) 的氧化还原信号 A_c/A_a 之外没有观察到其他的电化学信号，且通过 ICP-AES 测得熔盐中钐离子的浓度为 0。这说明 KCl 或者 LiCl 都不能与氧化钐发生氯化反应，使其电离出钐离子。

为了研究氯化镁对氧化钐的氯化作用，作者研究了将 MgCl₂ 加入 KCl-LiCl-Sm₂O₃ 体系之后的循环伏安曲线。图 3-10（b）为添加 MgCl₂ 之后 KCl-LiCl-Sm₂O₃ 体系的循环伏安曲线图。在曲线上可以观察到三对明显的还原氧化峰 A_c/A_a、B_c/B_a 和 C_c/C_a。对比 KCl-LiCl-MgCl₂ 电解质体系的循环伏安曲线（见图 3-9），新出现的还原氧化峰 C_c/C_a 的电位与图 3-1（b）中所观察到的 Sm(Ⅲ)/Sm(Ⅱ) 的还原氧化峰电位一致，由于在电解质中没有其他的离子存在，因此可以推断在添加了氯化镁之后熔盐中出现了 Sm(Ⅲ) 离子。作者认为由于氯化镁具有氯化作用，使其与氧化钐发生了氯化反应生成了氯化钐，并进一步电离出 Sm 离子。为了进一步研究 C_c/C_a 还原氧化峰所发生的电化学反应，作者改变了循环伏安曲线的扫描终止电位。当电势窗口改变为 -2.0 ~ 0 V 时，此时 Li(Ⅰ)/Li(0)、K(Ⅰ)/K(0) 的氧化还原反应尚未发生，但仍然可以在 C_c/C_a 处观察到 Sm(Ⅲ)/Sm(Ⅱ) 的还原氧化信号。这说明金属 Li 和金属 K 都与 Sm(Ⅲ) 离子的出现无关。而在此电势窗口下仅发生了 Sm(Ⅲ)/Sm(Ⅱ) 与 Mg(Ⅱ)/Mg(0) 的氧化还原反应。

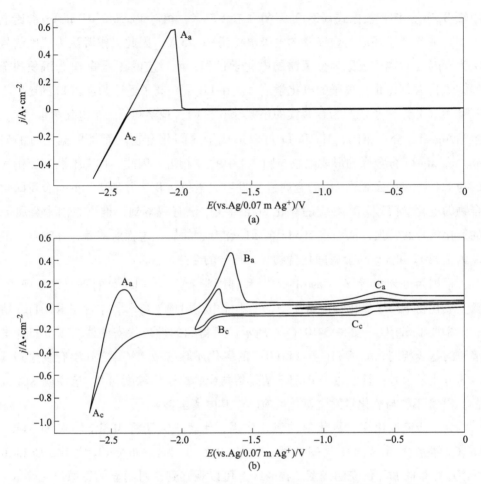

图 3-10 在 KCl-LiCl-Sm₂O₃(0.5%) 熔盐中的循环伏安曲线 (a) 和在

KCl-LiCl-MgCl₂(0.35 mol/L)-Sm₂O₃(0.5%) 熔盐中的循环伏安曲线 (b)

（工作电极为钨丝，温度为 873 K，扫描速度为 0.1 V/s）

图 3-10 彩图

为了研究 Mg(Ⅱ)/Mg(0) 与 C_c/C_a 还原氧化峰的关系，作者将循环伏安曲线的电势窗口改变为 $-1.3 \sim 0$ V，在 -1.3 V 为扫描终止电位的情况下，Mg(Ⅱ) 不能还原为金属镁。从图中可以看出，当电势窗口为 $-1.3 \sim 0$ V 时，仍然可以在 C_c/C_a 处观察到 Sm(Ⅲ)/Sm(Ⅱ) 的还原氧化信号，而此时电极表面不存在金属镁，由于之前对图 3-10 (a) 的分析已经证实 LiCl 和 KCl 不能氯化 Sm₂O₃，因此可以得出结论，由于电解质中存在 Mg(Ⅱ) 离子，所以使得 Sm₂O₃ 能够电离出 Sm(Ⅲ) 离子。而在循环伏安曲线中，除了 Li(Ⅰ)/Li(0)、Mg(Ⅱ)/Mg(0) 和 Sm(Ⅲ)/Sm(Ⅱ) 三对氧化还原峰之外，没有检测到其他的电化学信号。因此作者推断，在达到金属锂沉积电位之前，金属 Mg 与 Sm 没有金属间化合物形成。

为了进一步研究氧化钐在 $KCl-LiCl-MgCl_2$ 熔盐中的电化学行为，作者采用了方波伏安法对熔盐中发生的电化学反应进行研究。图 3-11 为在 $KCl-LiCl-MgCl_2-Sm_2O_3$ 体系中的方波伏安曲线。经过高斯拟合之后，从图中可以看出峰 A_c 和峰 B_c 近似接近于对称。并且峰 B_c 与图 3-2 所得到的 Sm（Ⅲ）还原为 Sm（Ⅱ）的电位一致，通过式（3-2）计算转移电子数约为 1，因此，我们可以确定在添加了氯化镁之后，氧化钐被氯化并且电离出了 Sm（Ⅲ），而 Sm（Ⅲ）在峰 B_c 处通过一步单电子转移还原为 Sm（Ⅱ）。峰 A_c 的电位与图 3-9 中 Mg（Ⅱ）还原为金属 Mg 的电位一致，通过式（3-2）对峰 A_c 的半峰电位差经过计算得出转移电子数约为 2，因此可以认为在峰 A_c 处发生了 Mg（Ⅱ）一步得到两个电子还原为金属 Mg 的反应。但是循环伏安法和方波伏安法只能根据析出电位和电子转移数推断出熔盐中发生了氯化反应。为了研究氯化反应的具体过程，作者对熔盐上清液进行了 XRD 分析。熔盐的上清液由可溶于熔盐的化合物组成。图 3-12 为所取熔盐上清

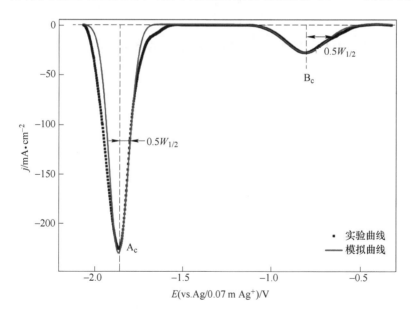

图 3-11　在 $KCl-LiCl-MgCl_2$（0.35 mol/L）-Sm_2O_3（0.5%）

熔盐中的方波伏安曲线

（脉冲振幅为 25 mV，电势阶跃为 1 mV，频率为 30 Hz，

工作电极为钨丝，温度为 873 K）

图 3-11 彩图

液的 XRD 能谱分析，从图中可以看出，熔盐中出现了一种新的化合物 $SmCl_3$。这就证明了在熔盐中氧化钐确实发生了氯化反应生成了氯化钐。由之前的研究已经证实了 LiCl 和 KCl 对氧化钐没有氯化作用，即不能使氧化钐电离出 Sm（Ⅲ）离子，因此作者认为氧化钐与氯化镁发生氯化反应，生成物中的一种即为氯化钐。为了进一步研究氯化反应的具体过程，作者对熔盐中的不溶物进行了 XRD 分析。

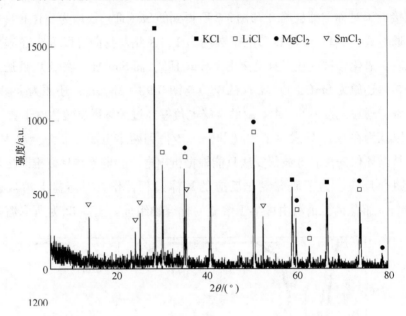

图 3-12 $LiCl\text{-}KCl\text{-}MgCl_2\text{-}Sm_2O_3$ 熔盐上清液的 XRD 能谱分析

　　首先将熔盐全部溶于蒸馏水，使可溶于水的氯化物溶解，然后将不溶物进行过滤、干燥处理，最后进行 XRD 分析。XRD 分析结果如图 3-13 所示。

　　从图 3-13 中可以看出，新生成的化合物有 SmOCl、$Sm(OH)_3$ 和 MgO。由于对图 3-12 的分析已经证实熔盐中有 $SmCl_3$ 生成，因此我们推断发生了以下两个反应，即式（3-3）和式（3-4）：

$$3MgCl_2(1) + Sm_2O_3(s) \rightleftharpoons 2SmCl_3(1) + 3MgO(s) \qquad (3\text{-}3)$$

$$MgCl_2(1) + Sm_2O_3(s) \rightleftharpoons 2SmOCl(s) + MgO(s) \qquad (3\text{-}4)$$

　　通过式（3-5）~式（3-7）计算各个化合物在 873 K 的焓变和熵变，从而计算整个反应的吉布斯生成自由能 $\Delta_r G_T^o$ ——式（3-8），判断反应是否能够发生。

$$C_p^o = a + b \times 10^{-3}T + c \times 10^6 T^{-2} + d \times 10^{-6}T^2 \qquad (3\text{-}5)$$

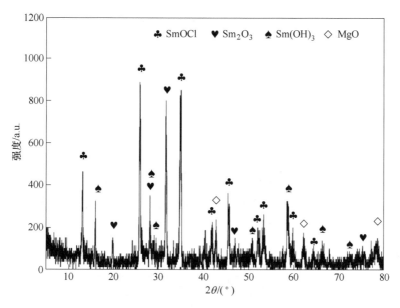

图 3-13 LiCl-KCl-MgCl$_2$-Sm$_2$O$_3$ 熔盐中不溶于水的样品的 XRD 能谱分析

$$\Delta_r H_T^o = \Delta_r H_{298}^o + \int_{298}^{T} \Delta C_P dT \qquad (3-6)$$

$$\Delta_r S_T^o = \Delta_r S_{298}^o + \int_{298}^{T} \Delta C_P \frac{dT}{T} \qquad (3-7)$$

$$\Delta_r G_T^o = \Delta_r H_T^o - T\Delta_r S_T^o \qquad (3-8)$$

表 3-1 和表 3-2 为从 *NIST-JANAF Thermochemical Tables：Fourth Edition*[13] 和 *Thermochemical Data of Elements and Compounds：Sencond，Revised and Extended Edition*[14] 中查到的关于 MgCl$_2$、SmCl$_3$、Sm$_2$O$_3$ 和 MgO 的热力学数据，表 3-3 为在 873 K 下相应的热力学数据的计算结果。

表 3-1 MgCl$_2$(l) 的热力学数据

T/K	C_p^o/J·(mol·K)$^{-1}$	S^o/J·(mol·K)$^{-1}$	H^o/kJ·mol^{-1}
700	92.048	195.831	−569.910
800	92.048	208.122	−560.705
900	92.048	218.964	−551.500

表 3-2　室温下 SmCl₃(s)、Sm₂O₃(s) 和 MgO(s) 的热力学数据

物质	ΔH° /kJ · mol⁻¹	S° /J · (mol · K)⁻¹	$C_p^\circ = a + b \times 10^{-3}T + c \times 10^6 T^{-2} + d \times 10^{-6} T^2$			
			a	b	c	d
SmCl₃(s)	−1025.9	147.7	98.24	24.69	−0.54	0
Sm₂O₃(s)	−1827.4	144.8	129	20.23	−1.71	0
MgO(s)	−601.2	26.9	49	3.43	−1.13	0

本实验的反应温度为 873 K，SmCl₃ 的熔点为 950 K，但是根据熔盐上清液的 XRD 分析，SmCl₃ 是溶解于熔盐中，这样才能电离出 Sm(Ⅲ) 离子。因此，作者采用图 3-14 的计算过程，根据式（3-9）~式（3-12）对过冷 SmCl₃ 的热力学数据进行了计算。

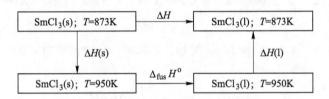

图 3-14　过冷 SmCl₃ 的热力学数据的计算方法

实验温度下的热力学数据见表 3-3。

表 3-3　实验温度下的热力学数据

873 K	$\Delta_r H_T^\circ$ /kJ · mol⁻¹	$\Delta_r S_T^\circ$ /J · (mol · K)⁻¹	$\Delta_r G_T^\circ$ /kJ · mol⁻¹
MgO(s)	−574.4	81.5	−645.5
MgCl₂(l)	−554.0	216.2	−742.7
Sm₂O₃(s)	−1750.2	295.1	−2007.8
SmOCl(s)	−953.7	189.3	−1119.0
SmCl₃(l)	−918.1	311.3	−1189.9

$$\Delta H(\mathrm{s}) = \int_{873}^{950} C_p(\mathrm{s}) \, \mathrm{d}T \tag{3-9}$$

$$\Delta H(\mathrm{l}) = \int_{950}^{873} C_p(\mathrm{l}) \, \mathrm{d}T \tag{3-10}$$

$$\Delta H = \Delta H(s) + \Delta_{fus} H^o + \Delta H(l) \tag{3-11}$$

$$\Delta H_{SmCl_3(l)} = \Delta H_{SmCl_3(s)} + \Delta H \tag{3-12}$$

计算出反应式（3-3）和式（3-4）的吉布斯生成自由能分别是-80.4 kJ/mol 和-133.0 kJ/mol，列于表3-4中，证明两个反应在873 K下都能够自发进行。通过图3-12和图3-13的XRD谱图证实生成物中存在 $SmCl_3$ 和 $SmOCl$。因此，作者认为在整个氯化过程中反应式（3-3）和式（3-4）同时存在。而图3-13中的化合物 $Sm(OH)_3$ 作者认为是由 $SmCl_3$ 水解产生的，因为有研究者[15]已经证实了三价镧系离子可以与水发生水解反应，如式（3-13）。

$$Ln^{3+} + 3H_2O \Longleftrightarrow Ln(OH)_3 + 3H^+ \tag{3-13}$$

表3-4 实验温度下反应式（3-3）和式（3-4）的吉布斯自由能

化学反应方程式	$\Delta_r G_T^o /kJ \cdot mol^{-1}$
$3MgCl_2(l) + Sm_2O_3(s) \Longleftrightarrow 2SmCl_3(l) + 3MgO(s)$	-80.4
$MgCl_2(l) + Sm_2O_3(s) \Longleftrightarrow 2SmOCl(s) + MgO(s)$	-133.0

因此，通过上述的循环伏安法、方波伏安法、熔盐上清液和水洗沉淀物的XRD分析以及反应热力学计算，作者认为氯化镁可以与氧化钐发生氯化反应生成氯化钐，从而电离出 $Sm(III)$ 离子。并且在KCl-LiCl熔盐的电势窗口中可以观察到 $Sm(III)$ 离子还原为 $Sm(II)$ 离子的电化学反应。

3.3.2 Dy_2O_3 在 KCl-LiCl-$MgCl_2$ 熔盐中的电化学行为及氯化镁的氯化作用

图3-15为在KCl-LiCl-Dy_2O_3 体系中添加 $MgCl_2$ 前后的循环伏安曲线。由图3-15可以看出未添加 $MgCl_2$ 的循环伏安曲线1与KCl-LiCl电解质体系的循环伏安曲线相同，这说明 Dy_2O_3 不溶于KCl-LiCl电解质中，即LiCl和KCl对氧化镝没有氯化作用，不能使其电离出 $Dy(III)$ 离子。这与之前关于氧化钐溶解度的结论以及Y. Castrillejo[11]和Y. J. Cho[12]等的研究结果相同。

曲线2为在KCl-LiCl-Dy_2O_3 体系中加入 $MgCl_2$ 之后的循环伏安曲线，从图中可以看出，曲线2与曲线1不同之处在于出现了两个明显的还原信号，B_c 和 C_c，二者对应的氧化峰分别为 B_a 和 C_a。比较图3-9(KCl-LiCl-$MgCl_2$)的循环伏安曲线可以确定还原峰 C_c 为 $Mg(II)$ 离子还原为金属镁的电化学信号，C_a 为还原峰 C_c 所对应的氧化峰。还原氧化峰 B_c/B_a 比图3-3所示KCl-LiCl-$DyCl_3$ 电解质体系的循环伏安曲线中 Dy(Ⅲ)/Dy(0) 的还原氧化峰更正，而在 KCl-LiCl-Dy₂O₃-MgCl₂ 体系中 Dy(Ⅲ) 离子的浓度理论上要低于在 KCl-LiCl-DyCl₃ 电解质体系中 Dy(Ⅲ) 离子的浓度，根据能斯特方程计算，KCl-LiCl-Dy₂O₃-MgCl₂ 电解质体系中 Dy(Ⅲ) 离子还原电位应该更负于 KCl-LiCl-DyCl₃ 体系中 Dy(Ⅲ) 离子的还原电位。因此，作者认为还原氧化峰 B_c/B_a 为 Dy(Ⅲ) 离子在预先沉积的金属镁上发生欠电位沉积所形成 Mg-Dy 金属间化合物的还原氧化峰。

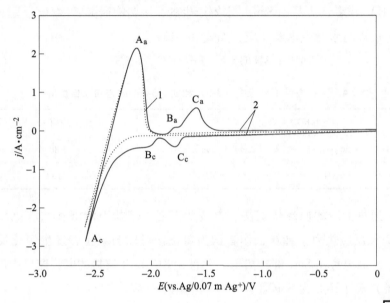

图 3-15   在 KCl-LiCl-Dy₂O₃ 体系中添加 MgCl₂ 前后的循环状态曲线
1—在 KCl-LiCl-Dy₂O₃(0.5%) 熔盐中的循环伏安曲线；2—在 KCl-LiCl-MgCl₂
(0.175 mol/L)-Dy₂O₃ (0.5%) 熔盐中的循环伏安曲线
（工作电极为钨丝，温度为 873 K，扫描速度为 0.1 V/s）

图 3-15 彩图

在图 3-15 中没有检测到 Dy(Ⅲ) 离子还原为金属 Dy 的还原峰，这是由于在 KCl-LiCl-Dy₂O₃-MgCl₂ 体系中 Dy(Ⅲ) 离子的浓度较低。另外，金属 Dy 的溶解峰由于其氧化电位接近于金属 Li 的氧化峰，因此观察到的 A_a 为金属 Li 和金属 Dy 溶解峰的叠加，这一点可以通过曲线 2 上氧化峰 A_a 的峰面积大于曲线 1 上金属 Li 氧化峰的峰面积来证明。而且在 KCl-LiCl-Dy₂O₃-MgCl₂ 体系中 Dy(Ⅲ) 离子浓度低于在 KCl-LiCl-DyCl₃ 电解质体系中的 Dy(Ⅲ) 离子浓度，因此在 KCl-LiCl-Dy₂O₃-MgCl₂ 电解质体系中 Dy(Ⅲ) 离子还原电位负于 KCl-LiCl-DyCl₃ 体系中 Dy(Ⅲ) 离子的还原电位，即在 KCl-LiCl-Dy₂O₃-MgCl₂ 电解质体系中金属 Dy 的氧化峰电位与金属 Li 的氧化峰电位更为接近，所以出现了两个氧化峰叠加的现象。

　　为了进一步研究氧化镝在 KCl-LiCl-MgCl₂ 熔盐中的电化学行为，作者采用方波伏安法对熔盐中发生的电化学反应进行测试。图 3-16 为在 KCl-LiCl-MgCl₂-Dy₂O₃ 体系中所得的方波伏安曲线。从方波伏安曲线中可以观察到 5 个还原信号，分别是 A、B、C、D 和 E。将图 3-16 的方波伏安曲线与图 3-15 的循环伏安曲线进行比较，发现还原信号 A、B 和 C 的电位分别与循环伏安曲线中金属 Li 的还原、Mg-Dy 金属间化合物的形成和金属 Mg 的还原电位一致。还原峰 D 与图 3-9(KCl-LiCl-MgCl₂) 的循环伏安曲线对比可以认为是 Mg-Li 合金的形成。作者推测还原峰 E 为 Dy(Ⅲ) 离子的还原信号，为了证实这一判断，对峰 E 进行了高斯拟合并计算其半峰电位差，然后通过式（3-2）计算电子转移数。插入图为峰 E 的实验曲线和拟合之后的曲线，从插入图可以看出，实验曲线中从扫描方向起到峰顶这一段曲线（为 Dy(Ⅲ) 离子的沉积过程）与拟合之后的曲线具有良好的吻合性，而峰顶到扫描结束这部分曲线（为电极表面发生浓差极化的过程）与拟合后的曲线吻合度不够好，这是由于随后 Mg-Li 金属间化合物形成所引起。因此，综合以上分析，作者认为峰 E 具有对称性。通过式（3-2）计算出电子转移数 n 近似为 3，即 Dy(Ⅲ) 得到三个电子还原为金属 Dy。

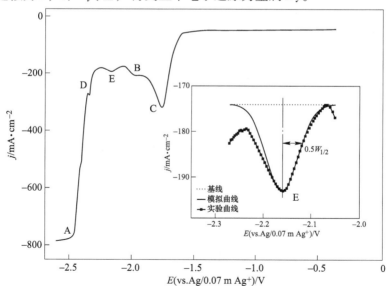

图 3-16　在 KCl-LiCl-MgCl₂(0.175 mol/L)-Dy₂O₃(0.5%) 熔盐中的方波伏安曲线

（脉冲振幅为 25 mV，电势阶跃为 1 mV，频率为 30 Hz，工作电极为钨丝，温度为 873 K）

比较图 3-3 和图 3-4 所得关于 Dy(Ⅲ) 离子电子转移过程的分析，作者认为在低浓度下，电极表面的 Dy(Ⅲ) 离子浓度与经过第一步还原反应生成的 Dy(Ⅱ) 离子浓度相近，因此 Dy(Ⅲ) 离子的还原反应与 Dy(Ⅱ) 离子的还原反应同时存在。这样就很难通过电化学测试观察到两个独立的电化学反应过程，因此图 3-16 所观察到的一步电子转移过程其实是两个快速反应综合作用的结果。所以图 3-16 的方波伏安曲线检测到 Dy(Ⅲ) 离子的还原电位更负，而且发现 Dy(Ⅲ) 离子还原过程为一步电子转移过程。因此，经过本节的电化学研究可以证明添加了氯化镁之后，在 KCl-LiCl-Dy$_2$O$_3$ 体系中检测到 Dy(Ⅲ) 的存在。而所检测 Dy(Ⅲ) 离子的电子转移过程与电解质中 Dy(Ⅲ) 离子浓度有关，在低浓度下观察到 Dy(Ⅲ) 离子一步三电子转移过程，而在高浓度下检测到 Dy(Ⅲ) 离子两步电子转移过程。

由于之前的循环伏安法和方波伏安法只能根据析出电位和电子转移数推断出熔盐中存在 Dy(Ⅲ) 离子，为了进一步研究氯化镁的氯化作用，我们对熔盐上清液进行了 XRD 分析。熔盐的上清液由可溶于熔盐的化合物组成。图 3-17 为熔盐上清液的 XRD 能谱分析，从图中可以检测出化合物 DyCl$_3$，证明在熔盐中氧化镝确实发生了氯化反应转化为氯化镝。在之前的研究中已经证实了 LiCl 和 KCl 对氧化镝没有氯化作用，即不能使氧化镝电离出 Dy(Ⅲ)，因此推测氧化镝是与氯化镁发生的氯化反应生成氯化镝。为了证实这一结论，作者对熔盐中的不溶物进行了 XRD 分析。

作者将熔盐全部溶于蒸馏水，使可溶于水的氯化物溶解在水中，将不溶物通过过滤、干燥后进行 XRD 分析。不溶物的 XRD 谱图如图 3-18 所示。从图中可以看出，新生成的化合物有 DyOCl、Dy(OH)$_3$ 和 MgO。由于图 3-17 的分析已经证实了熔盐中有 DyCl$_3$ 的形成，因此根据图 3-18 所分析检测到的几种化合物，作者推断发生了以下两个反应，即式（3-14）和式（3-15）：

$$3MgCl_2(l) + Dy_2O_3(s) \rightleftharpoons 2DyCl_3(l) + 3MgO(s) \qquad (3-14)$$

$$MgCl_2(l) + Dy_2O_3(s) \rightleftharpoons 2DyOCl(s) + MgO(s) \qquad (3-15)$$

通过式（3-5）~ 式（3-7）计算各个化合物在 873 K 的焓变和熵变，然后根据式（3-8）计算整个反应的吉布斯生成自由能 $\Delta_r G_T^\circ$，判断反应是否能够发生。DyCl$_3$ 的熔点为 924 K，但是根据熔盐上清液的 XRD 分析 DyCl$_3$ 存在于电解质中，而实验温度为 873 K，因此需要计算过冷 DyCl$_3$ 的热力学数据。具体计算过程依照图 3-14 中的过冷 SmCl$_3$ 的计算方法。

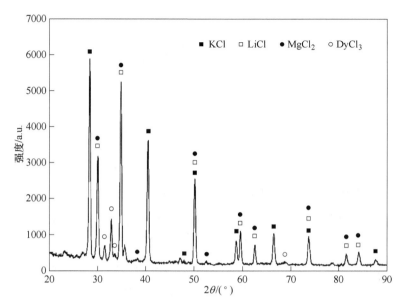

图 3-17　LiCl-KCl-MgCl$_2$-Dy$_2$O$_3$ 熔盐上清液的 XRD 能谱分析

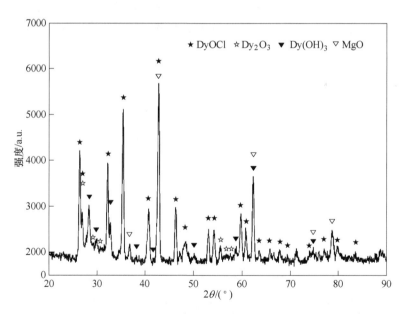

图 3-18　LiCl-KCl-MgCl$_2$-Dy$_2$O$_3$ 熔盐中不溶于水的样品的 XRD 能谱分析

表 3-5 为从 *NIST-JANAF Thermochemical Tables：Fourth Edition*[13] 中查到的关于 DyCl$_3$ 和 Dy$_2$O$_3$ 的热力学基础数据，其他相关化合物的热力学数据列于表 3-1 和表 3-3 中，由于 DyOCl 的热力学数据没有检索到，因此不能计算反应式（3-15）

的吉布斯生成自由能。

表 3-5　在室温下的热力学数据

物质	ΔH^o /kJ·mol^{-1}	S^o /J·(mol·K)$^{-1}$	$C_p^o = a + b \times 10^{-3}T + c \times 10^6 T^{-2} + d \times 10^{-6}T^2$			
			a	b	c	d
$DyCl_3(s)$	−998.3	150.8	98.69	13.32	−0.5	0
$Dy_2O_3(s)$	−1862.7	149.8	124.81	11.59	−1.07	0

表 3-6 列出从熔盐的共晶温度到实验温度反应式（3-14）的吉布斯生成自由能。从表中可以看出，在温度上升的过程中，反应式（3-14）的吉布斯生成自由能都为负值，即反应可以发生。但是随着温度的升高，反应式（3-14）的吉布斯生成自由能的绝对值变小，到 873 K 时仅为 −2.08 kJ/mol。这说明整个反应的可发生性在变小。根据作者计算，当反应温度再提高 50 K，反应式（3-14）的吉布斯生成自由能即为正值，但是此时熔盐中仍然有 Dy(Ⅲ) 离子存在，这说明整个氯化反应在升温的过程中持续发生，而且在低温下氯化反应更容易发生。这一结论为以后在低温条件下采用氯化镁对氧化稀土进行氯化，或以此为基础进行其他研究提供了理论依据。

表 3-6　反应式（3-14）在 626 K、700 K、800 K、873 K 下的吉布斯自由能

T/K	$\Delta_r H_T^o$ /kJ·mol^{-1}	$\Delta_r S_T^o$ /J·(mol·K)$^{-1}$	$\Delta_r G_T^o$ /kJ·mol^{-1}
626	−72.21	−83.54	−19.91
700	−70.66	−80.32	−14.44
800	−68.36	−76.55	−7.12
873	−66.80	−74.13	−2.08

通过 XRD 谱图证实不溶物中存在 DyOCl。因此，作者认为在整个氯化过程中，反应式（3-14）和式（3-15）同时存在。作者认为不溶物中检测到的化合物 $Dy(OH)_3$ 是由 $DyCl_3$ 水解产生，这与文献 [15] 所报道的三价镧系离子与水发生水解反应式（3-13）的产物相同。

综上所述，根据循环伏安法、方波伏安法、熔盐上清液和水洗沉淀物的 XRD 分析以及反应热力学计算，可以得到以下结论，氯化镁可以与氧化镝发生氯化反应生成氯化镝，进而电离出 Dy(Ⅲ) 离子，并且 Dy(Ⅲ) 离子可以在预先

沉积的 Mg 上发生欠电位沉积形成 Mg-Dy 金属间化合物。从而证明在添加氯化镁之后从电解质中提取、分离 Dy$_2$O$_3$ 具有可行性。

3.3.3 Sm$_2$O$_3$ 和 Dy$_2$O$_3$ 在 KCl-LiCl-MgCl$_2$ 熔盐中的电化学行为及分离

图 3-19 为 KCl-LiCl-MgCl$_2$-Sm$_2$O$_3$-Dy$_2$O$_3$ 体系的循环伏安曲线。从图中可以看出，在阴极扫描过程中依次观察到了还原信号 D$_c$、B$_c$、C$_c$ 和 A$_c$，其中还原信号 A$_c$ 为 Li（Ⅰ）离子还原为金属 Li 的电化学信号，对应的氧化峰为 A$_a$。与图 3-9 中 KCl-LiCl-MgCl$_2$ 的循环伏安曲线对比可以证实，还原峰 B$_c$ 为 Mg（Ⅱ）离子还原为金属镁的电化学信号，B$_a$ 为其对应的氧化峰。还原氧化峰 D$_c$/D$_a$ 的电位与 KCl-LiCl-SmCl$_3$（见图 3-1（b））熔盐的循环伏安曲线及 KCl-LiCl-Sm$_2$O$_3$-MgCl$_2$（见图 3-10）熔盐的循环伏安曲线所观察到的 Sm（Ⅲ）/Sm（Ⅱ）还原氧化信号的电位一致，因此认为 D$_c$/D$_a$ 为氧化钐与氯化镁发生氯化反应所生成 Sm（Ⅲ）离子氧化还原反应的电化学信号。

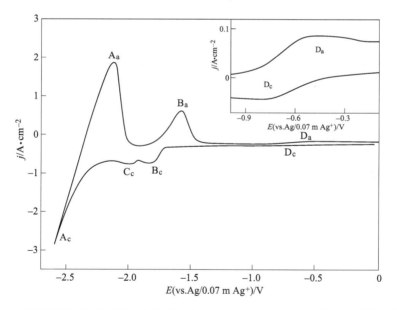

图 3-19 在 KCl-LiCl-MgCl$_2$(0.175 mol/L)-Dy$_2$O$_3$(0.5%)-Sm$_2$O$_3$(0.5%) 熔盐中的循环伏安曲线
（工作电极为钨丝，温度为 873 K，扫描速度为 0.1 V/s）

还原信号 C$_c$ 与 KCl-LiCl-Dy$_2$O$_3$-MgCl$_2$ 体系的循环伏安曲线（见图 3-15）中 Dy（Ⅲ）离子在预先沉积的金属镁上发生欠电位沉积所形成 Mg-Dy 金属间化合物

的还原峰电位一致。而且根据对于 KCl-$LiCl$-$MgCl_2$-Sm_2O_3 电解质体系的电化学研究可知，$Sm(Ⅱ)$ 或者 $Sm(Ⅲ)$ 离子在金属 Mg 上沉积形成 Mg-Sm 金属间化合物的还原电位比金属 Li 的沉积电位更负，因此无法在 KCl-$LiCl$ 电解质体系的电化学窗口中观察到。将 KCl-$LiCl$-$MgCl_2$-Sm_2O_3-Dy_2O_3 电解质体系所得到的循环伏安曲线（见图 3-19）与 KCl-$LiCl$-$MgCl_2$-Sm_2O_3 电解质体系所得到的循环伏安曲线（见图 3-15）相比较，可以发现两个循环伏安曲线中虽然 Mg-Dy 合金的沉积电位相同，但是在图 3-19 中 Mg-Dy 合金形成峰面积要大于图 3-15 中 Mg-Dy 合金形成峰面积。作者推测这是由于在图 3-19 中 $MgCl_2$ 需要同时氯化 Sm_2O_3 和 Dy_2O_3，这使得在熔盐中 $Dy(Ⅲ)$ 离子浓度降低，即在预先沉积了金属 Mg 的电极周围的 $Dy(Ⅲ)$ 离子浓度下降，促进了浓差极化现象的发生，从而导致了合金形成峰 C_e 的峰面积变小。为了证实这一推论，作者通过 ICP-AES 分析了不同时间下熔盐中 $Dy(Ⅲ)$ 离子和 $Sm(Ⅲ)$ 离子的浓度，测试结果如图 3-20 和图 3-21 所示。

图 3-20 为在 KCl-$LiCl$-Dy_2O_3-$MgCl_2$ 电解质体系中静置不同时间后 $Dy(Ⅲ)$ 离子浓度的变化曲线。从曲线中可以观察到，在静置 40 min 以后，熔盐中 $Dy(Ⅲ)$ 离子浓度达到平衡，其浓度约为 $2.1×10^{-6}$ mol/cm^3。

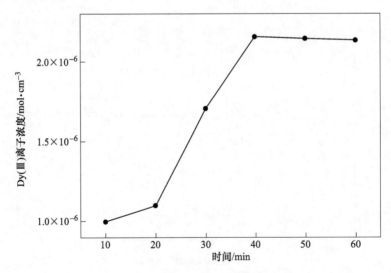

图 3-20　KCl-$LiCl$-Dy_2O_3-$MgCl_2$ 电解质体系中在静置不同时间后所得到的 $Dy(Ⅲ)$
离子的浓度变化曲线

图 3-21 为 KCl-$LiCl$-Dy_2O_3-Sm_2O_3-$MgCl_2$ 电解质体系中 $Dy(Ⅲ)$ 离子和 $Sm(Ⅲ)$ 离子浓度随着静置时间变化的曲线图，其中 $MgCl_2$ 的浓度根据 ICP-AES

分析为 1.67×10^{-4} mol/cm^3。从曲线中可以看出，在同时添加了两种稀土氧化物后，两种稀土的离子浓度都是在静置 50 min 以后达到平衡，二者的平衡浓度分别为：Dy（Ⅲ）离子浓度约为 1.6×10^{-6} mol/cm^3；Sm（Ⅲ）离子浓度约为 1.4×10^{-6} mol/cm^3。同时可以看出，在氯化镁浓度不变的情况下，体系中添加氧化钐之后，熔盐中 Dy（Ⅲ）离子浓度有所降低。这一点证实了在图 3-19 中关于合金形成峰 C$_c$ 峰面积变小的推论。

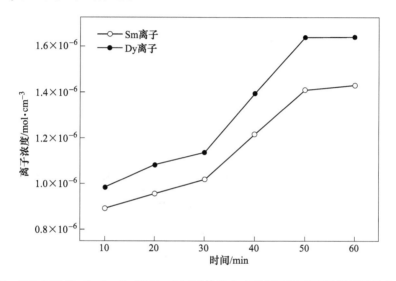

图 3-21　KCl-LiCl-Dy$_2$O$_3$-Sm$_2$O$_3$-MgCl$_2$ 电解质体系中在静置不同时间后所得到的 Dy（Ⅲ）

离子和 Sm（Ⅲ）离子的浓度变化曲线

　　为了研究随后电解分离过程中合适的氯化镁添加量，作者研究了镁离子浓度变化与氯化效率的关系。图 3-22 为 KCl-LiCl-Dy$_2$O$_3$-Sm$_2$O$_3$ 电解质体系中在不同氯化镁浓度下 Dy（Ⅲ）离子和 Sm（Ⅲ）离子浓度变化曲线。从曲线中可以看出，在Mg（Ⅱ）离子浓度小于 7×10^{-4} mol/cm^3 时，随着 Mg（Ⅱ）离子浓度的提高，熔盐中的 Dy（Ⅲ）离子和 Sm（Ⅲ）离子的浓度也随之提高。而当 Mg（Ⅱ）离子浓度超过 7×10^{-4} mol/cm^3 时，熔盐中的 Dy（Ⅲ）离子和 Sm（Ⅲ）离子浓度趋于平衡。而且从数据上可以看出，二者的平衡浓度都接近于图 3-20 中单独添加氯化镁时熔盐中 Dy（Ⅲ）离子的浓度——2.1×10^{-6} mol/cm^3。说明随着氯化镁与氧化钐式（3-3）及氧化镝式（3-14）的氯化反应达到平衡，生成的 Sm（Ⅲ）离子和Dy（Ⅲ）离子的浓度也达到了平衡。当添加 Mg（Ⅱ）离子浓度超过 7×10^{-4} mol/cm^3 时，生成 Sm（Ⅲ）离子和 Dy（Ⅲ）离子的浓度达到了最大值，即此时氯化效率最高。这一结论同时解释了为什么在图 3-21 曲线中 Dy(Ⅲ) 离子浓度要小于在图 3-20 曲线中 Dy(Ⅲ) 离子浓度。综合以上分析，作者最终确定氧化镝和氧化钐分离的工艺条件中 Mg(Ⅱ) 离子浓度为 $8×10^{-4}$ mol/cm^3。

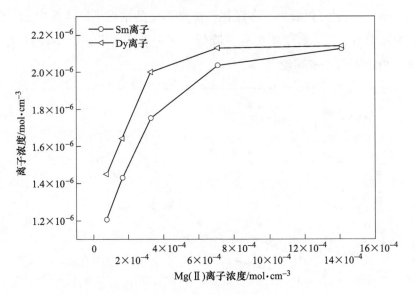

图 3-22   KCl-LiCl-Dy$_2$O$_3$-Sm$_2$O$_3$ 电解质体系中在不同氯化镁浓
度下所得到的 Dy(Ⅲ) 离子和 Sm(Ⅲ) 离子的浓度变化曲线

根据图 3-10 和图 3-11 的研究结果，金属 Sm 及 Mg-Sm 金属间化合物的形成电位比电解质中金属 Li 的还原电位更负，而在 KCl-LiCl 熔盐中的电势窗口不能观察到金属 Sm 或 Mg-Sm 金属间化合物的形成。因此，无法计算 Mg-Dy 金属间化合物的形成电位与 Mg-Sm 金属间化合物的形成电位之差。由式（1-7）可以看出，在电子转移数和温度一定的前提下，分离系数与电位差成正比。因此在本书中，选择了两种离子之间的最小电位差（即 Mg-Dy 金属间化合物的形成电位与 Li(Ⅰ) 离子还原电位之差）来计算 Dy$_2$O$_3$ 和 Sm$_2$O$_3$ 之间的最小分离系数。

作者采用开路计时电位法计算 Mg-Dy 金属间化合物的形成电位与 Li(Ⅰ) 离子还原电位之间的电位差。图 3-23 为在 KCl-LiCl-Dy$_2$O$_3$-Sm$_2$O$_3$-MgCl$_2$ 电解质体系中所检测到的开路计时电位曲线，沉积电位为 -2.4 V，沉积时间为 30 s。从图中可以观察到四个明显的溶解平台。其中平台 1 和平台 2 与图 3-8 中金属 Li 的溶解平台和金属 Dy 的溶解平台相对应。说明图 3-23 曲线上平台 1 和平台 2 分别为金属 Li 和金属 Dy 的溶解平衡过程。平台 3 的电位与之前研究所得 Dy(Ⅲ) 离子和预先沉积在电极上的金属 Mg 发生欠电位沉积过程的电位相近，因此作者推测平台 3 为 Mg-Dy 金属间化合物的溶解平衡过程，平台 4 为金属 Mg 的溶解平衡过程。

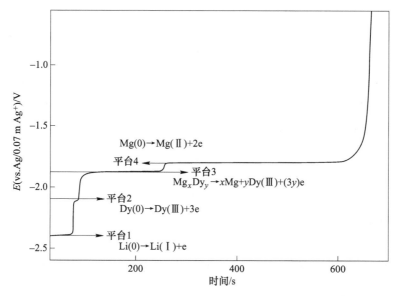

图 3-23　在 KCl-LiCl-MgCl$_2$(0.175 mol/L)-Dy$_2$O$_3$(0.5%)-Sm$_2$O$_3$(0.5%)

熔盐中的开路计时电位曲线

（工作电极为钨丝，沉积电位为-2.4 V，沉积时间为 30 s，温度为 873 K）

作者根据图 3-23 中两个平台的电位计算了 Mg-Dy 金属间化合物的形成电位与金属 Li 形成电位之差，通过式（1-7）计算了二者的分离系数，即 Dy$_2$O$_3$ 与 Sm$_2$O$_3$ 的最小分离系数。得出电子转移数 n 为 2 或者 3 时，Dy$_2$O$_3$ 与 Sm$_2$O$_3$ 的最小分离系数都大于 DyCl$_3$ 与 SmCl$_3$ 在惰性电极上的最小分离系数。这是由于在添加氯化镁之后发生了去极化和合金化作用，导致 ΔE 变大，使得计算得出最小分离系数也增大。因此可以得到以下结论，与 Mg 形成合金所引起的去极化作用可以促进稀土元素 Dy$_2$O$_3$ 和 Sm$_2$O$_3$ 的分离。

3.3.4　分离产物的表征与分离效率

作者根据图 3-23 平台 1 和平台 3 的电位差通过式（1-7）计算了 Dy$_2$O$_3$ 与 Sm$_2$O$_3$ 的最小分离系数。由于形成 Mg-Dy 金属间化合物所发生的去极化和合金化作用使得二者电位差变大，因此 Dy$_2$O$_3$ 和 Sm$_2$O$_3$ 采用共还原法的分离系数变大。这说明当氧化镝以 Mg-Dy 合金的形式从混合物中分离，同时氧化钐保留在熔盐中，理论上的分离效果要比二者以各自金属的形式提取时的分离效果更好。而且当氧化镝以 Mg-Dy 合金的形式提取时，可以直接得到液态合金，这有利于分离产物的再处理。

根据 KCl-LiCl-Dy$_2$O$_3$-Sm$_2$O$_3$-MgCl$_2$ 电解质体系的循环伏安曲线和开路计时电位曲线分析，作者选择了−2.1 V 进行恒电位电解对 Dy$_2$O$_3$ 和 Sm$_2$O$_3$ 进行分离。选择−2.1 V 进行恒电位电解的原因如下，在 KCl-LiCl-MgCl$_2$ 和 KCl-LiCl-Dy$_2$O$_3$-Sm$_2$O$_3$-MgCl$_2$ 电解质体系中的电化学研究可知，如果在−2.1 V 进行恒电位电解，该电位尚未达到 Mg-Li 金属间化合物的沉积电位（大约为−2.25 V），也未达到金属 Sm 或者 Mg-Sm 金属间化合物沉积电位（负于金属 Li 的沉积电位），因此在单独提取稀土 Dy 的前提下，能够以最大的电流密度进行分离。

根据以上研究，作者在 KCl-LiCl-MgCl$_2$-Dy$_2$O$_3$-Sm$_2$O$_3$ 电解质体系中在−2.1 V 进行了恒电位电解，电解时间分别为 4 h、8 h 和 12 h。所得的沉积物的 ICP-AES 分析结果列于表 3-7 中。从表 3-7 中可以看出，随着电解时间的增加，沉积物中 Dy 含量也随之增加，而 Sm 在沉积物中的含量一直为 0，因此达到了二者通过恒电位电解的方法进行分离的目的。为了研究所得沉积物的显微结构，作者将恒电位电解 12 h 所得的沉积物进行了 XRD 分析，如图 3-24 所示。从图中可以看出所得沉积物主要组分为 αMg 和 Mg$_3$Dy。根据 Mg-Dy[16] 相图（见图 3-25），Mg$_3$Dy 可以在低温下形成，而且根据 Y. R. Wu[17]、W. M. Gan[18] 等学者的研究，Mg$_3$Dy 是一种稳定相。

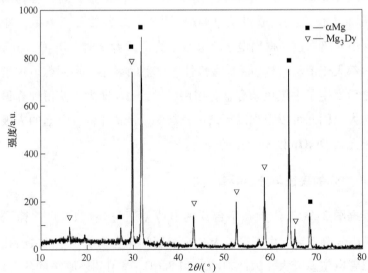

图 3-24   −2.1 V 恒电位沉积 12 h 所得金属的 XRD 谱图分析

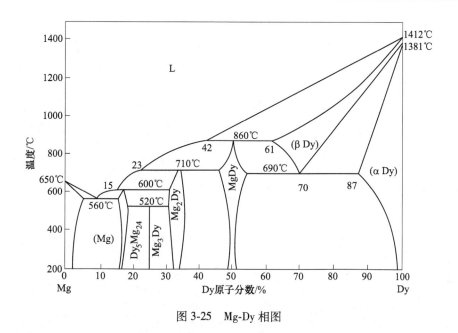

图 3-25　Mg-Dy 相图

表 3-7　在−2.1 V 沉积不同时间的沉积物的 ICP-AES 分析结果

电解时间/h	元素质量分数/%		
	Dy	Sm	Mg
0	0	0	0
4	6.5	0	总量平衡
8	11.2	0	总量平衡
12	14.3	0	总量平衡

　　为了进一步研究所得沉积物的显微结构，对沉积物的截面进行了扫描电子显微镜以及能谱分析。图 3-26 为在−2.1 V 恒电位电解 12 h 后所得沉积物截面的 SEM 及 EDS 面扫描图。

　　为了进一步研究所得沉积物的显微结构，对沉积物的截面进行了扫描电子显微镜以及能谱分析。图 3-26 为在−2.1 V 恒电位电解 12 h 后所得沉积物截面的 SEM 及 EDS 面扫描图。其中图 3-26（a）为所得沉淀物截面的 SEM 照片，照片中黑色区域为 Mg 基体，灰色区域为恒电位电解所形成的 Mg-Dy 金属间化合物 Mg₃Dy。从图 3-26（a）可以看出，生成的 Mg₃Dy 对镁基体有一定的细化作用，Mg₃Dy 的形成将镁基体细化为约 20 μm 大小的晶粒。图 3-26（b）为截面上元素

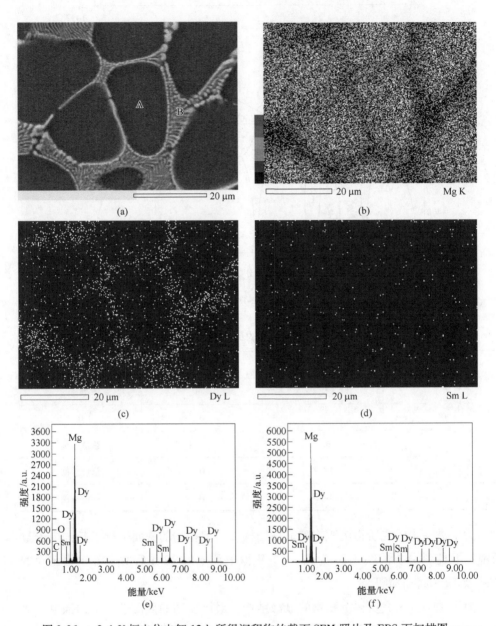

图 3-26   −2.1 V 恒电位电解 12 h 所得沉积物的截面 SEM 照片及 EDS 面扫描图

（a）沉积物的截面 SEM 照片；（b）Mg 的 EDS 面扫描图；

（c）Dy 的 EDS 面扫描图；（d）Sm 的 EDS 面扫描图；

（e）B 点的能谱分析；（f）A 点的能谱分析

图 3-26 彩图

Mg 的面扫描图，从图中可以看出，在晶界处 Mg 含量要低于晶粒中的 Mg 含量。图 3-26（c）为截面上元素 Dy 面扫描图，将图 3-26（b）与图 3-26（c）进行对比发现在晶界处存在大量的 Dy，而在晶粒中 Dy 含量却很低。图 3-26（b）和图 3-26（c）证实了关于 SEM 照片中 Mg 和 Dy 分布的分析。说明了 Dy 主要存在于晶界处，并与 Mg 基体形成了 Mg-Dy 金属间化合物。图 3-26（d）为在图 3-26（a）截面上元素 Sm 的面扫描图，可以看出在整个截面上几乎不存在钐，这与表 3-7 中沉积物的 ICP-AES 分析一致。

作者在图 3-26（a）中选取了晶粒上的一个区域 A 和晶界上的一个区域 B 进行 EDS 能谱分析。EDS 能谱为半定量分析，其检测限一般为 0.1%~0.5%，可以快速地对微区内的元素进行含量测试分析。图 3-26（e）为区域 B 处的 EDS 能谱分析，从图中可以看出，能谱图中除了大量 Mg 和 Dy 之外，还存在少量 C 和 O，这是由于样品在保存过程中与空气接触氧化所产生的，而在能谱中不存在 Sm 元素。图 3-26（f）为区域 A 处的 EDS 能谱分析，能谱图中可以观察到存在大量 Mg 元素和少量 Dy 元素。图中晶粒内的 Dy 为其固溶于 Mg 基体所产生的，同样不存在 Sm 元素。图 3-26（e）和图 3-26（f）的分析数据见表 3-8。

表 3-8 在区域 A 和 B 的 EDS 分析结果

区域	元素质量分数/%					元素原子分数/%				
	C	O	Mg	Dy	Sm	C	O	Mg	Dy	Sm
区域 A	—	—	97.2	2.8	0	—	—	99.6	0.4	0
区域 B	5.4	3.2	31.7	59.7	0	19.2	8.5	56.4	15.9	0

表 3-8 中的含量与图 3-26（a）的分析一致，黑色区域为镁基体，这与区域 A 的 EDS 分析结果一致，灰色区域为 Mg-Dy 金属间化合物。根据区域 B 的 EDS 分析，Mg∶Dy 的原子比约为 3.5∶1，可以近似看作 3，这与 XRD 图谱分析得出的 Mg-Dy 金属间化合物 Mg₃Dy 的原子比一致，证实在晶界处 Dy 是以 Mg₃Dy 相存在。在 EDS 分析中同样证实了沉积物中不存在钐元素。这说明氧化钐与氧化镝的分离可以通过共还原法将氧化镝以 Mg-Dy 合金的形式单独提取来实现。根据所得沉积物的 ICP-AES 和 EDS 分析可知沉积物中不存在钐，这说明 Dy₂O₃ 和 Sm₂O₃ 的分离效率很高。

由于采用共还原法分离的电解质体系为 KCl-LiCl-MgCl₂-Dy₂O₃-Sm₂O₃，根据之前的研究，在采用共还原法分离过程中 Dy(Ⅲ) 离子由 Dy_2O_3 发生氯化反应生成，这样使得在熔盐中的稀土离子浓度很难进行准确的计算，而根据分离效率的计算式（1-1），需要通过分离前后熔盐中稀土离子浓度计算分离效率。因此，电解后熔盐中稀土离子浓度的计算方法为：将熔盐冷却后溶解于稀盐酸中，待溶液澄清后（即 Dy_2O_3 和 Sm_2O_3 完全转化为 $DyCl_3$ 和 $SmCl_3$）计算其中 Dy(Ⅲ) 离子浓度。所得出的 Dy(Ⅲ) 离子浓度为 Dy_2O_3 与 $MgCl_2$ 和 HCl 反应所生成 Dy(Ⅲ) 离子浓度的总和。通过熔盐中剩余稀土离子浓度根据式（1-1）计算分离效率。最终计算得出采用共还原法分离稀土 Dy_2O_3 和 Sm_2O_3 的分离效率为 98.7%。

3.4　本　章　小　结

（1）在 KCl-LiCl 熔盐中以惰性 W 为阴极研究了 Sm(Ⅲ) 离子和 Dy(Ⅲ) 离子的电化学行为。研究得出 Sm(Ⅲ) 离子首先还原为 Sm(Ⅱ) 离子，而 Sm(Ⅱ) 离子还原为金属钐的电位要负于金属 Li 的还原电位。Dy(Ⅲ) 离子的还原过程为：首先得到一个电子变成 Dy(Ⅱ)，之后再得到两个电子还原为金属 Dy。在 KCl-LiCl 熔盐中在惰性 W 电极上研究了同时添加 $SmCl_3$ 和 $DyCl_3$ 后的阴极电化学行为，研究得出两种离子的还原电位差至少为 0.3 V，并计算出 $SmCl_3$ 和 $DyCl_3$ 的最小分离系数为 99.99%。

（2）在惰性 W 电极上分别研究了在 KCl-LiCl-Sm_2O_3 和 KCl-LiCl-Dy_2O_3 电解质体系中添加 $MgCl_2$ 前后的电化学行为。研究结果表明，在添加 $MgCl_2$ 之前熔盐中没有 Sm(Ⅲ) 和 Dy(Ⅲ) 离子存在，在添加 $MgCl_2$ 之后熔盐中分别出现了 Sm(Ⅲ)/Sm(Ⅱ) 的还原氧化信号及 Dy(Ⅲ) 离子与 Mg(Ⅱ) 离子共还原形成 Mg-Dy 金属间化合物的电化学信号。证实了 $MgCl_2$ 可以分别使 Sm_2O_3、Dy_2O_3 电离出 Sm(Ⅲ)、Dy(Ⅲ) 离子。通过对两个电解质体系的上清液和不溶物 XRD 分析推测出氯化反应过程，并证实氯化产物分别为 $SmCl_3$/SmOCl 及 $DyCl_3$/DyOCl。

（3）在 KCl-LiCl-$MgCl_2$-Dy_2O_3-Sm_2O_3 电解质体系中在 −2.1 V 通过恒电位电解对 Dy_2O_3、Sm_2O_3 进行分离研究。在 4 h、8 h、12 h 的恒电位电解后得到了分离产物，通过 ICP-AES 分析证实沉积物中只存在金属 Mg 和 Dy，不存在 Sm，即达到 Dy_2O_3 和 Sm_2O_3 分离的目的。计算了 Dy_2O_3 与 Sm_2O_3 的最小分离系数，计算结果表明与 Mg 形成合金所引起的去极化和合金化作用可以促进稀土元素 Sm 和 Dy 的分离。计算出在恒电位电解 12 h 后 Dy_2O_3 和 Sm_2O_3 的分离效率为

98.7%。通过 XRD、SEM、EDS 分析了合金的显微结构，分析结果表明沉积物中 Dy 以 Mg_3Dy 的形式存在于晶界处，并对 Mg 基体起到一定的细化作用。

参 考 文 献

[1] Sangster J, Pelton A D. The Li-W (Lithium-Tungsten) system [J]. Journal of Phase Equilibrium, 1991, 12: 203-203.

[2] Cordoba G, Caravaca C. An electrochemical study of samarium ions in the molten eutectic LiCl-KCl [J]. Journal of electroanalytical chemistry, 2004, 572: 145-151.

[3] Castrillejo Y, Fernández P, Medina J, et al. Electrochemical extraction of samarium from molten chlorides in pyrochemical processes [J]. Electrochimica Acta, 2011, 56: 8638-8644.

[4] Castrillejo Y, De La Fuente C, Vega M, et al. Cathodic behaviour and oxoacidity reactions of samarium (Ⅲ) in two molten chlorides with different acidity properties: The eutectic LiCl-KCl and the equimolar $CaCl_2$-NaCl melt [J]. Electrochimica Acta, 2013, 97: 120-131.

[5] Massot L, Chamelot P, Taxil P. Cathodic behaviour of samarium (Ⅲ) in LiF-CaF_2 media on molybdenum and nickel electrodes [J]. Electrochimica Acta, 2005, 50: 5510-5517.

[6] 张明杰. 熔盐电化学原理与应用 [M]. 北京: 化学工业出版社, 2006.

[7] Castrillejo Y, Bermejo M R, Barrado A I, et al. Electrochemical behaviour of dysprosium in the eutectic LiCl-KCl at W and Al electrodes [J]. Electrochimica Acta, 2005, 50: 2047-2057.

[8] Gschneidner K A, Jr. Systematics of the intra-rare-earth binary alloy systems [J]. Journal of the Less Common Metals, 1985, 114: 29-42.

[9] Massalski T B, Murray J L, Benett L H, et al. Binary alloy phase diagrams [J]. American society for metals, 1990.

[10] Martínez A M, Børresen B, Haarberg G M, et al. Electrodeposition of magnesium from $CaCl_2$-NaCl-KCl-$MgCl_2$ melts [J]. Journal of the Electrochemical Society, 2004, 151: 508-513.

[11] Castrillejo Y, Bermejo M R, Barrado E, et al. Solubilization of rare earth oxides in the eutectic LiCl-KCl mixture at 450 ℃ and in the equimolar $CaCl_2$-NaCl melt at 550 ℃ [J]. Journal of Electroanalytical Chemistry, 2003, 545: 141-157.

[12] Cho Y J, Yang H C, Eun H C, et al. Characteristics of oxidation reaction of rare-earth chlorides for precipitation in LiCl-KCl molten salt by oxygen sparging [J]. Journal of Nuclear Science and Technology, 2006, 43 (10): 1280-1286.

[13] Chase M W. NIST-JANAF thermochemical tables: Fourth edition [M]. Maryland: National institute of standards and technology, 1998.

[14] Binnewies M, Milke E. Thermochemical data of elements and compounds: Sencond, revised and

extended edition [M]. Germany: Wiley-VCH, 2002.

[15] Embarek B, Gilles M B, Jean M, et al. Physicochemical study of the hydrolysis of Rare-Earth elements (Ⅲ) and thorium (Ⅳ) [J]. Comptes rendus chimie, 2004, 7: 537-545.

[16] Nayeb-Hashemi A A, Clark J B. Phase diagram of binary magnesium alloys [M]. ASM International, Metal Park, Ohio, USA, 1988.

[17] Wu Y R, Hu W Y, Sun L X. Elastic constants and thermodynamic properties of Mg-Pr, Mg-Dy, Mg-Y intermetallics with atomistic simulations [J]. Journal of Physics D: Applied Physics, 2007, 40: 7584-7592.

[18] Gan W M, Huang Y D, Yang L, et al. Identification of unexpected hydrides in Mg-20% Dy alloy by high-brilliance synchrotron radiation [J]. Journal of Applied Crystallography, 2012, 45: 17-21.

4 $SmCl_3$ 和 $GdCl_3$、Sm_2O_3 和 Gd_2O_3 在惰性电极上的电解分离

4.1 引　言

本章主要研究 $SmCl_3/GdCl_3$、Sm_2O_3/Gd_2O_3 的分离。首先在 KCl-LiCl 熔盐中研究了 $GdCl_3$ 在惰性 W 电极上的电化学行为，以 $SmCl_3$ 电化学行为为研究基础，在 KCl-LiCl-$SmCl_3$-$GdCl_3$ 电解质体系中研究 $SmCl_3$ 和 $GdCl_3$ 的分离，通过电子转移数和析出电位差计算 $SmCl_3$ 和 $GdCl_3$ 在惰性电极上的分离系数。

在 KCl-LiCl 熔盐中研究 Gd_2O_3 与 $MgCl_2$ 的氯化反应，通过循环伏安法、方波伏安法、开路计时电位法、熔盐组分的 ICP-AES 和 XRD 等分析测试手段研究 $MgCl_2$ 对 Gd_2O_3 的氯化作用，并探讨氯化反应发生的热力学依据。根据第 3 章 Sm_2O_3 在 KCl-LiCl-$MgCl_2$ 熔盐中电化学行为的研究，通过 Sm 离子和 Gd 离子在 KCl-LiCl-$MgCl_2$ 熔盐中的电子转移数和析出电位差计算 Sm_2O_3 和 Gd_2O_3 的分离系数。在惰性 W 电极上通过共还原法分离 Sm_2O_3 和 Gd_2O_3，对分离产物进行成分和显微结构分析，并计算 Sm_2O_3 和 Gd_2O_3 的分离效率。

4.2 $SmCl_3$ 和 $GdCl_3$ 在钨电极上电解分离的研究

4.2.1 $GdCl_3$ 在钨电极上的电化学行为

图 4-1 为在 KCl-LiCl 熔盐中添加 $GdCl_3$ 之后的循环伏安曲线。从图中可以观察到两对还原氧化峰 A_c/A_a 和 B_c/B_a，其中 A_c/A_a 为 Li（Ⅰ）/Li（0）的还原氧化峰，而峰 B_c 的还原电位通过式（3-1）计算后与 M. R. Bermejo 等[1]研究者在

723K、KCl-LiCl 熔盐中通过循环伏安法和方波伏安法所报道的 Gd(Ⅲ) 离子的还原电位-2.25 V(vs. Ag/0.075 m Ag⁺) 一致。因此，可以确定 B_c/B_a 为 Gd(Ⅲ)/Gd(0) 的还原氧化峰。在循环伏安曲线上除了 Li(Ⅰ)/Li(0) 和 Gd(Ⅲ)/Gd(0) 的还原氧化峰之外，没有其他电化学信号。因此可以说明，Li 和 Gd 没有金属间化合物形成，这与二者相图分析相吻合。

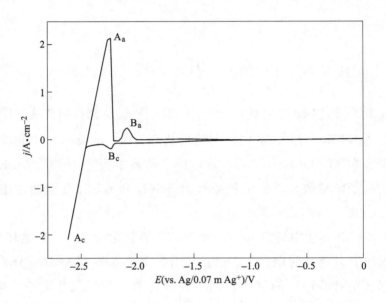

图 4-1   在 KCl-LiCl-GdCl₃(0.062 mol/L) 熔盐中的循环伏安曲线

（工作电极为钨丝，温度为 873 K，扫描速度为 0.1 V/s）

图 4-2 为采用方波伏安法研究 Gd(Ⅲ) 离子的电化学过程所得到的曲线。图中由方块组成的曲线为实验曲线，实线为经过高斯拟合之后的曲线。从图中可以看出，实验所得曲线与拟合之后的曲线吻合性良好，具有很好的相似性，说明 Gd(Ⅲ) 还原为金属 Gd 的方波伏安曲线具有较好的对称性，即为一步电子转移过程。而转移电子数可以通过式 (3-2) 计算，计算结果为 2.7，近似为 3，说明 Gd(Ⅲ) 离子通过一步三电子转移的过程还原为金属 Gd。

4.2.2   SmCl₃ 和 GdCl₃ 在钨电极上的电化学行为及分离的研究

在 KCl-LiCl 电解质体系中同时添加 SmCl₃ 和 GdCl₃ 以及分别添加 SmCl₃、GdCl₃ 的循环伏安曲线如图 4-3 所示。

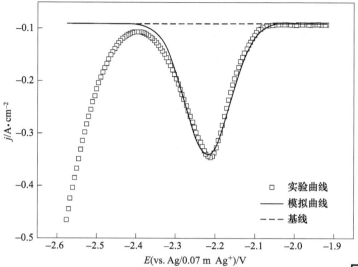

图 4-2 在 KCl-LiCl-GdCl₃(0.062 mol/L) 熔盐中的方波伏安曲线

（脉冲振幅为 25 mV，电势阶跃为 1 mV，频率为 30 Hz，

工作电极为钨丝，温度为 873 K）

图 4-2 彩图

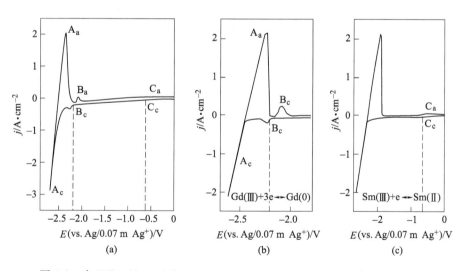

图 4-3 在 KCl-LiCl-SmCl₃(0.062 mol/L)-GdCl₃(0.062 mol/L) 熔盐中的循环

伏安曲线 (a)、在 KCl-LiCl-GdCl₃(0.062 mol/L) 熔盐中的循环伏安曲线 (b)

和在 KCl-LiCl-SmCl₃(0.062 mol/L) 熔盐中的循环伏安曲线 (c)

（工作电极为钨丝，温度为 873 K，扫描速度为 0.1 V/s）

图 4-3 (a) 为在 KCl-LiCl 电解质体系中同时添加 SmCl₃ 和 GdCl₃ 之后的循环

伏安曲线，从图中可以看出曲线上出现了三对还原氧化峰 A_c/A_a、B_c/B_a 和 C_c/C_a。根据之前的研究结果，作者认为 A_c/A_a 为 Li(Ⅰ)/Li(0) 的还原氧化过程。根据对 KCl-LiCl-$GdCl_3$ 熔盐（见图 4-3（b））和 KCl-LiCl-$SmCl_3$（见图 4-3（c））熔盐的循环伏安曲线进行对比分析，图 4-3（a）中峰 B_c 为 Gd(Ⅲ) 离子得到电子还原为金属 Gd 的过程，峰 B_a 为其对应的金属 Gd 失去电子转化为 Gd(Ⅲ) 离子的氧化过程。

图 4-3（a）中峰 C_c 为 Sm(Ⅲ) 离子得到电子还原为 Sm(Ⅱ) 的过程；而峰 C_a 为 Sm(Ⅱ) 离子失去电子转化为 Sm(Ⅲ) 离子的氧化过程。从图 4-3（a）中可以明显看出，除了 A_c/A_a、B_c/B_a 和 C_c/C_a 三对还原氧化信号，未观察到其他的电化学信号。在第 3 章的研究中，已经证实在 KCl-LiCl 电解质体系中没有 W-Li 金属间化合物的形成，且根据 Sm-Gd[2] 相图（见图 4-4）可以看出，二者之间不存在金属间化合物。而在图 4-3（a）的循环伏安曲线中同样没有观察到 Sm(Ⅱ) 或者 Sm(Ⅲ) 离子在金属 Gd 上的电沉积过程，这一点与相图的分析结果一致。Gd 与 Sm 不能形成金属间化合物有利于二者的分离。

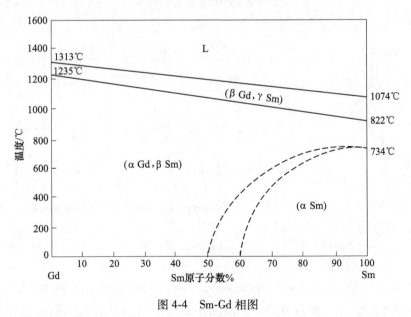

图 4-4   Sm-Gd 相图

$SmCl_3$ 和 $GdCl_3$ 的分离系数可以根据式（1-7）进行计算。根据电化学研究得出 Gd(Ⅲ) 离子和 Sm(Ⅱ) 离子的还原电位可知，二者的分离过程为 $GdCl_3$ 以金属 Gd 的形式沉积，而 $SmCl_3$ 保留于电解质中。因此在式（1-7）中的 n 为

Gd（Ⅲ）离子沉积的电子转移数，根据方波伏安法计算出 Gd（Ⅲ）离子还原为金属 Gd 为一步三电子转移过程，即转移电子数 n 为 3。由于 Sm（Ⅱ）离子的还原电位要负于电解质中的 Li（Ⅰ）离子的还原电位，在 KCl-LiCl 熔盐中不能够观察到 Sm（Ⅱ）离子还原为 Sm（0），因此，Gd（Ⅲ）离子和 Sm（Ⅱ）离子之间的电位差无法计算。根据式（1-7）可以看出，在电子转移数和实验温度一定的前提下，分离系数与电位差成正比。因此，选择了两种离子之间的最小电位差（即 Gd（Ⅲ）离子与 Li（Ⅰ）离子之间的还原电位差）来计算 Gd（Ⅲ）离子和 Sm（Ⅱ）离子之间的最小分离系数。

作者采用开路计时电位法计算 Gd（Ⅲ）离子与 Li（Ⅰ）离子之间的电位差。图 4-5 为在 KCl-LiCl-SmCl₃-GdCl₃ 熔盐中的开路计时电位曲线，沉积电位为−2.4 V，沉积时间为 300 s。从图中可以观察到两个明显的电位平台，分别为金属 Li 的溶解平台 1 和金属 Gd 的溶解平台 2。作者通过图 4-5 中两个平台的电位计算了 Gd（Ⅲ）离子与 Li（Ⅰ）离子的还原电位差，通过式（1-7）计算了 Gd（Ⅲ）离子与 Li（Ⅰ）离子的分离系数，即 Gd（Ⅲ）离子与 Sm（Ⅱ）离子的最小分离系数。得出 n 为 3 时，Gd（Ⅲ）离子与 Sm（Ⅱ）离子的最小分离系数大于 99.7%。

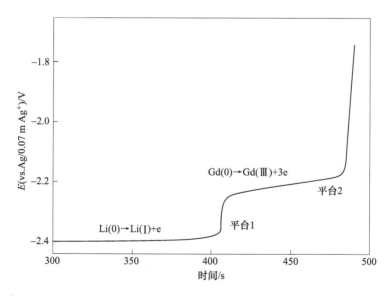

图 4-5　在 KCl-LiCl-SmCl₃（0.062 mol/L）-GdCl₃（0.062 mol/L）熔盐中的开路计时电位曲线

（工作电极为钨丝，沉积电位为−2.4 V，沉积时间为 300 s，温度为 873 K）

根据相图分析可知 Sm 与 Gd 不能形成金属间化合物，同时根据电化学分析

Sm(Ⅲ) 或 Sm(Ⅱ) 离子在金属 Gd 上不发生欠电位沉积。因此，作者研究了在惰性 W 电极上 $SmCl_3$ 和 $GdCl_3$ 的分离。在惰性电极上分离，可以选择恒电位电解法和恒电流电解法。由于电解质中 Li 离子和 K 离子的浓度远大于 Gd 离子和 Sm 离子的浓度，如果采用恒电流电解的方法进行分离，在电极表面易发生浓差极化现象，使得 Li 离子同样会沉积在电极上。因此，作者最终选择了恒电位电解的方法对氯化钐和氯化钆进行分离。

电解分离的实验温度为电化学测试所选择的 873 K。分离电位选择为 -2.3 V，原因是这个电位尚未达到 Li(Ⅰ) 离子的还原电位，理论上能够以最大电流密度将金属 Gd 沉积出来，而 Li、K 和 Sm 仍然以各自氯化物的形式保留在熔盐中，从而达到分离的目的。

根据以上的分析，在 -2.3 V 进行了恒电位电解。电解 2 h、3 h、4 h 后，在电极表面和熔盐底部都未收集到金属 Gd。推测原因是在 873 K 的实验条件下，Gd(Ⅲ) 离子以固态形式沉积并脱落到熔盐中，继续沉积的金属 Gd 仍然以固态形式沉积，由于沉积的 Gd 以固态小颗粒的形式存在，它们不能很好地聚集在一起形成大颗粒的金属。随着电解的进行，一部分移动到了阳极重新氧化成 Gd(Ⅲ) 离子，一部分散落在电解质底部无法收集。因此，确定对于稀土 Gd 以金属的形式分离，虽然在理论上可行，但是在低温条件下非常困难。这一结果与第 3 章中在惰性 W 电极上分离氯化钐和氯化镝的结果相同。

4.3　Sm_2O_3 和 Gd_2O_3 在氯化镁的氯化作用下的电解分离

4.3.1　Gd_2O_3 在 KCl-LiCl-$MgCl_2$ 熔盐中的电化学行为及氯化镁的氯化作用

在 KCl-LiCl-Gd_2O_3 熔盐中添加 $MgCl_2$ 前后的循环伏安曲线如图 4-6 所示。其中未添加 $MgCl_2$ 的循环伏安曲线（见图 4-6（a））与 KCl-LiCl 电解质体系的循环伏安曲线相同。说明 Gd_2O_3 不溶于 KCl-LiCl 电解质中，不能电离出 Gd(Ⅲ) 离子。此结论与氧化钐、氧化镝溶解度的结论以及西班牙学者 Y. Castrillejo[3] 和韩国学者 Y. J. Cho[4] 的研究结果相同。

在图 4-6（b）中曲线 1 为在 KCl-LiCl-Gd_2O_3 电解质体系中加入 $MgCl_2$ 之后的循环伏安曲线，在曲线 1 中可以观察到两个明显的还原信号 B_c 和 C_c。其中还原信号 B_c 与 Mg(Ⅱ) 离子的还原电位一致。在熔盐中除了 Li(Ⅰ) 和 K(Ⅰ) 离子

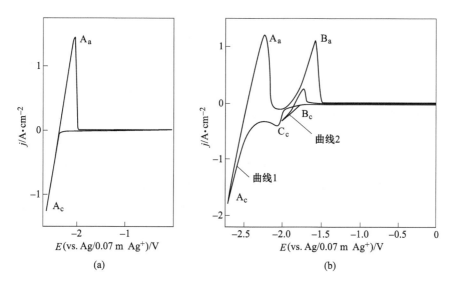

图 4-6 在 KCl-LiCl-Gd$_2$O$_3$ 熔盐中添加 MgCl$_2$ 前后的循环伏安曲线

（a）在 KCl-LiCl-Gd$_2$O$_3$（0.5%）熔盐中的循环伏安曲线；

（b）在 KCl-LiCl-Gd$_2$O$_3$（0.5%）-MgCl$_2$（0.25 mol/L）熔盐中的循环伏安曲线

（工作电极为钨丝，温度为 873 K，扫描速度为 0.1 V/s）

之外可能存在的阳离子也仅有 Gd（Ⅲ）和 Mg（Ⅱ），而在 KCl-LiCl-GdCl$_3$ 熔盐中的 Gd（Ⅲ）离子的还原电位大约为-2.25 V，因此推断还原信号 B$_c$ 为 Mg（Ⅱ）离子还原为金属镁的还原反应。峰 C$_c$ 与图 3-9 循环伏安曲线中的 Mg-Li 合金形成峰的电位相差较远，且峰 C$_c$ 电位介于 Gd（Ⅲ）离子和 Mg（Ⅱ）离子还原为各自金属的电位之间，根据 Mg-Gd 合金相图分析，金属 Mg 和 Gd 可以形成多种金属间化合物。因此可以判断，峰 C$_c$ 为 Mg-Gd 合金形成峰。

在反向扫描中，观察到了两个氧化峰 A$_a$ 和 B$_a$。其中氧化峰 A$_a$ 的终止电位约为-2.1 V，与图 4-1 的循环伏安曲线中金属 Gd 氧化峰的终止电位有重叠。因此，确定氧化峰 A$_a$ 为金属 Li 和 Gd 氧化峰的叠加峰。当作者将循环伏安曲线的扫描窗口设定为 0~-2.0 V 时，发现在曲线 2 中只能观察到 Mg（Ⅱ）离子的还原氧化过程，而且其氧化峰的峰面积远小于曲线 1 中氧化峰 B$_a$ 的峰面积。因此，确定曲线 1 中氧化峰 B$_a$ 为金属 Mg 和 Mg-Gd 金属间化合物氧化峰的叠加峰。

为了进一步研究氧化钆在 KCl-LiCl-MgCl$_2$ 熔盐中的电化学行为，作者采用方波伏安法对熔盐中发生的电化学反应进行研究。图 4-7 为在 KCl-LiCl-Gd$_2$O$_3$-MgCl$_2$ 电解质体系中测试得到的方波伏安曲线。在曲线上可以观察到三个还原信号，分别是 B_c、C_c 和 D_c。将图 4-7 的方波伏安曲线与图 4-6（b）的循环伏安曲线进行对比，发现还原信号 B_c 和 C_c 的电位分别与循环伏安曲线中金属 Mg 和 Mg-Gd 金属间化合物的形成电位一致。

方波伏安法的灵敏性要高于循环伏安法，因此在图 4-7 中观察到了另一个还原信号 D_c。与图 4-1 的循环伏安曲线中的 Gd（Ⅲ）离子的还原信号比较，还原信号 D_c 与 Gd（Ⅲ）离子的还原电位相同，因此作者判断在图 4-7 的方波伏安曲线中还原信号 D_c 为 Gd（Ⅲ）离子还原为金属 Gd 的电化学过程。作者对峰 D_c 进行了高斯拟合，并通过式（3-2）计算转移电子数 n 为 2.65，接近 3。因此，确定在添加了氯化镁之后，氧化钆被氯化并且电离出了 Gd（Ⅲ），同时，Gd（Ⅲ）在峰 D_c 的电位通过一步三电子转移还原为了金属 Gd。

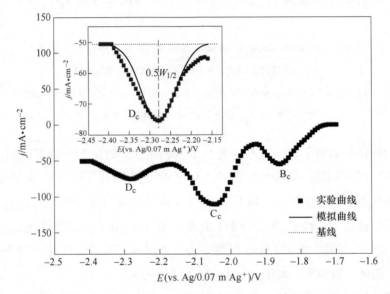

图 4-7　在 KCl-LiCl-Gd₂O₃（0.5%）-MgCl₂（0.25 mol/L）熔盐中的方波伏安曲线

（脉冲振幅为 25 mV，电势阶跃为 1 mV，频率为 30 Hz，工作电极为钨丝，温度为 873 K）

比较图 4-2（KCl-LiCl-GdCl₃）和图 4-7（KCl-LiCl-Gd₂O₃-MgCl₂）两个方波伏安曲线，可以发现在 KCl-LiCl-Gd₂O₃-MgCl₂ 电解质体系中 Gd（Ⅲ）的还原电位比在 KCl-LiCl-GdCl₃ 电解质体系中 Gd（Ⅲ）离子的还原电位更正。推测原因在 KCl-LiCl-Gd₂O₃-MgCl₂ 电解质体系中 Gd（Ⅲ）离子由 Gd₂O₃ 和 MgCl₂ 的氯化反应生成，当氯化反应达到平衡时，Gd（Ⅲ）离子在电解质中的浓度也达到了稳定。此时，在电解质中 Gd（Ⅲ）离子浓度小于直接添加 GdCl₃ 时的离子浓度，根据能斯特方程可以计算得出，离子浓度低时平衡电位更负。这就可以解释为什么在 KCl-LiCl-Gd₂O₃-MgCl₂ 电解质体系中 Gd（Ⅲ）的还原电位比在 KCl-LiCl-GdCl₃ 电解质体系中更负。通过电化学研究可以证实在添加了氯化镁之后，在 KCl-LiCl-Gd₂O₃ 电解质体系中确实存在 Gd（Ⅲ）离子。

　　循环伏安法和方波伏安法只能根据析出电位和电子转移数推断出熔盐中发生了何种反应，为了进一步研究氯化反应，作者对熔盐上清液进行了 XRD 分析。图 4-8 为熔盐上清液的 XRD 能谱分析，从图中可以看出，新出现了一种化合物 GdCl₃，证明在熔盐中氧化钆确实发生了氯化反应生成了氯化钆。之前的研究中已经证实 LiCl 和 KCl 对氧化钆没有氯化作用，即不能使氧化钆电离出 Gd（Ⅲ），因此证实氧化钆与氯化镁发生了氯化反应，并生成氯化钆。为进一步研究氯化反应过程，作者对熔盐中不溶物进行了 XRD 分析，如图 4-8 所示。

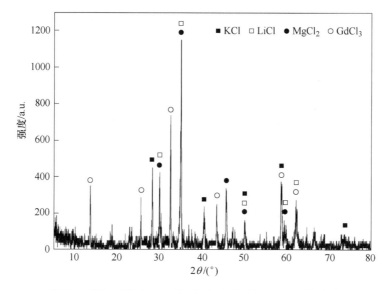

图 4-8　KCl-LiCl-Gd₂O₃-MgCl₂ 中上清液的 XRD 能谱分析

　　作者将熔盐全部溶于蒸馏水，待可溶于水的氯化物溶解后，对不溶物进行过滤、干燥处理，将得到的粉末进行 XRD 分析，如图 4-9 所示。从图中可以看出，新出现的化合物有 GdOCl、Gd（OH）₃ 和 MgO。

　　根据图 4-8 和图 4-9 的分析所得出的几种化合物，作者推断发生了以下两个反应，即式（4-1）和式（4-2）：

$$3MgCl_2(l) + Gd_2O_3(s) \Longleftrightarrow 2GdCl_3(l) + 3MgO(s) \tag{4-1}$$

$$MgCl_2(l) + Gd_2O_3(s) \Longleftrightarrow 2GdOCl(s) + MgO(s) \tag{4-2}$$

通过式（3-5）、式（3-6）和式（3-7）计算式（4-1）和式（4-2）中各化合物在 873 K 的焓变和熵变，然后根据式（3-8）计算式（4-1）和式（4-2）反应的吉布斯生成自由能 $\Delta_r G_T^\circ$，判断反应是否能够发生。其中，过冷 GdCl₃ 的计算过程仍然依照图 3-14 中过冷 SmCl₃ 的计算方法。

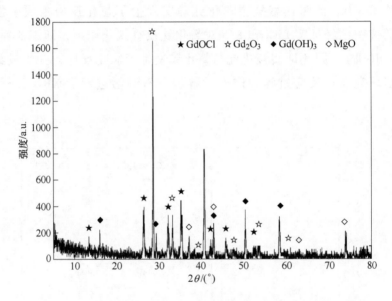

图 4-9 KCl-LiCl-Gd₂O₃-MgCl₂ 中不溶于水样品的 XRD 能谱分析

表 4-1 为从 *NIST-JANAF Thermochemical Tables：Fourth Edition*[5] 中查到的关于 GdCl₃ 和 Gd₂O₃ 的热力学基础数据，其他相关化合物的数据列于表 3-1 和表 3-3 中。表 4-2 为在 873 K 下的 GdCl₃、Gd₂O₃ 和 GdOCl 的热力学数据。

表 4-1 室温下的热力学数据

物质	$\Delta H^\circ/kJ \cdot mol^{-1}$	S° /J·(mol·K)$^{-1}$	$C_p^\circ = a+b\times10^{-3}T+c\times10^6T^{-2}+d\times10^{-6}T^2$			
			a	b	c	d
GdCl₃(s)	−1008.3	151.5	93.1	25.05	−0.25	0
Gd₂O₃(s)	−1826.9	150.6	119.21	12.95	−1.56	0

表 4-2 在实验温度下反应式（4-1）和式（4-2）的热力学数据

873 K	$\Delta_r H_T^\circ / kJ \cdot mol^{-1}$	$\Delta_r S_T^\circ / J \cdot (mol \cdot K)^{-1}$	$\Delta_r G_T^\circ / kJ \cdot mol^{-1}$
Gd₂O₃(s)	−1757.4	286.2	−2007.3
GdOCl(s)	−940.4	176.8	−1094.7
GdCl₃(l)	−906.3	311.2	−1178.0

表 4-3 为反应式（4-1）和式（4-2）的吉布斯生成自由能，分别是−57.1 kJ/mol 和−84.9 kJ/mol。说明氯化反应在 873 K 下能够发生，而且通过对图 4-8 和图 4-9 的 XRD 谱图分析证实生成物中存在 GdCl₃ 和 GdOCl。因此，在整个氯化过程中反应式（4-1）和式（4-2）同时存在。而图 4-9 中的化合物 Gd(OH)₃ 是由 GdCl₃ 水解产生，因为稀土离子与水的水解反应已有文献[6,7]报道。

表 4-3 在实验温度下反应式（4-1）和式（4-2）的吉布斯生成自由能

化学反应方程式	$\Delta_r G_T^\circ / kJ \cdot mol^{-1}$
3MgCl₂(l)+Gd₂O₃(s)⇌2GdCl₃(l)+3MgO(s)	−57.1
MgCl₂(l)+Gd₂O₃(s)⇌2GdOCl(s)+MgO(s)	−84.9

通过循环伏安法、方波伏安法、熔盐上清液和水洗沉淀物的 XRD 分析以及反应热力学的计算，确定氯化镁可以与氧化钆发生氯化反应生成氯化钆，从而电离出 Gd(Ⅲ) 离子。并且 Gd(Ⅲ) 离子可以在预先沉积的 Mg 上发生欠电位沉积形成 Mg-Gd 金属间化合物。这说明在添加氯化镁之后从电解质中提取、分离出 Gd₂O₃ 具有可行性。

4.3.2 Sm₂O₃ 和 Gd₂O₃ 在 KCl-LiCl-MgCl₂ 熔盐中的电化学行为及分离

图 4-10 为在 KCl-LiCl-MgCl₂-Sm₂O₃-Gd₂O₃ 电解质体系测试得到的循环伏安曲线。从阴极扫描方向依次观察到还原信号 E_c、B_c、C_c、D_c 和 A_c，其中的还原信号 A_c 为 Li(Ⅰ) 离子还原为金属 Li 的电化学信号，其对应的氧化峰为 A_a。与 KCl-LiCl-MgCl₂ 熔盐（见图 3-9）的循环伏安曲线比较可知，还原峰 B_c 为 Mg(Ⅱ) 离子还原为金属镁的电化学信号。还原信号 E_c 与 Sm(Ⅲ) 离子还原为 Sm(Ⅱ) 离子的电位一致，E_a 为对应的 Sm(Ⅱ) 离子氧化为 Sm(Ⅲ) 离子的电化学过程。

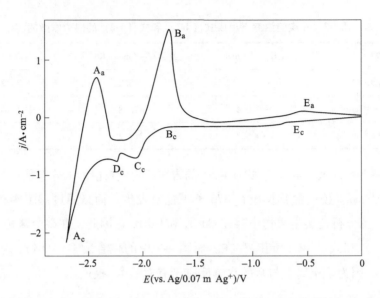

图 4-10　在 KCl-LiCl-MgCl$_2$(0.35 mol/L)-Sm$_2$O$_3$(0.5%)-Gd$_2$O$_3$(0.5%) 熔盐中的循环伏安曲线

（工作电极为钨丝，温度为 873 K，扫描速度为 0.1 V/s）

　　还原信号 C$_c$ 与 Gd(Ⅲ) 离子在预先沉积的金属镁上发生欠电位沉积所形成 Mg-Gd 金属间化合物的还原峰电位一致，因此判断 C$_c$ 为 Mg-Gd 合金的形成峰。为了达到更好的氯化效果，在图 4-10 的循环伏安曲线中添加的氯化镁浓度要大于图 4-6 中所添加氯化镁的浓度。提高 MgCl$_2$ 浓度使得图 4-10 的循环伏安曲线较之前的研究有了两个主要改变：第一，在图 4-10 的循环伏安曲线中，还原峰 C$_c$ 的峰面积大于在图 4-6 中 Mg-Gd 金属间化合物形成峰的面积，而且在图 4-10 中对应的氧化峰 B$_a$ 的峰面积要大于图 4-6 中相对应的氧化峰面积。第二，在图 4-10 的循环伏安曲线中观察到了在图 4-6 中没有检测到的 Gd(Ⅲ) 离子还原为金属 Gd 的电化学信号 D$_c$。分析这两点变化的原因如下，提高熔盐中 Mg(Ⅱ) 离子浓度之后，熔盐中 Gd(Ⅲ) 离子浓度也随之提高，因此无论是 Mg-Gd 金属间化合物的形成峰 C$_c$ 还是金属 Mg 及 Mg-Gd 金属间化合物氧化叠加峰 B$_a$ 的峰面积都相应增大，而且可以检测到 Gd(Ⅲ) 离子还原为金属 Gd 的电化学信号。这一现象与图 3-22 氯化镁添加量与熔盐中稀土浓度的关系一致。在曲线中没有观察到 Sm 离子在 Mg 上形成合金的电化学信号，这有利于 Sm$_2$O$_3$ 和 Gd$_2$O$_3$ 的分离。

　　为了进一步研究氧化钐和氧化钆在 KCl-LiCl-MgCl$_2$ 熔盐中的电化学行为，

作者采用灵敏度更高的方波伏安法对熔盐中发生的电化学反应进行研究。图 4-11 为在 KCl-LiCl-Sm₂O₃-Gd₂O₃-MgCl₂ 电解质体系中检测到的方波伏安曲线。

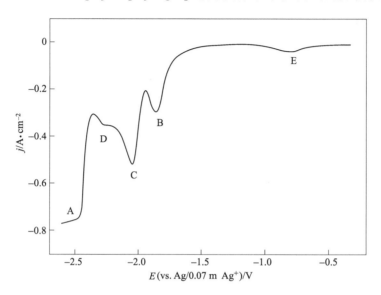

图 4-11　在 KCl-LiCl-MgCl₂(0.35 mol/L)-Sm₂O₃(0.5%)-Gd₂O₃(0.5%) 熔盐中的方波伏安曲线

（脉冲振幅为 25 mV，电势阶跃为 1 mV，频率为 30 Hz，工作电极为钨丝，温度为 873 K）

从曲线中可以依次发现 E、B、C、D、A 五个还原信号。与图 4-10 对比，五个电化学信号的电位分别对应着循环伏安曲线上的 E_c、B_c、C_c、D_c、A_c，即 Sm(Ⅲ) 离子还原为 Sm(Ⅱ) 离子、Mg(Ⅱ) 离子还原为金属镁、Gd(Ⅲ) 离子与沉积的金属镁形成 Mg-Gd 金属间化合物、Gd(Ⅲ) 离子还原为金属 Gd、Li(Ⅰ) 离子还原为金属 Li 五个电化学过程。在图 4-11 的方波伏安曲线中同样没有观察到 Mg-Sm 金属间化合物的形成峰，根据上述研究可知，在达到金属锂沉积电位之前，在 KCl-LiCl-MgCl₂-Sm₂O₃-Gd₂O₃ 电解质体系中 Mg 与 Sm 不能形成金属间化合物。而在图 4-10 曲线中可以观察到非常强的 Mg-Gd 金属间化合物形成信号，这是因为在熔盐中提高了氯化镁的浓度，使得氯化效果提高，导致熔盐中 Gd(Ⅲ) 离子浓度提高，更高的 Gd(Ⅲ) 离子浓度使得 Mg-Gd 金属间化合物形成速度提高，因此在循环伏安曲线与方波伏安曲线中检测到的 Mg-Gd 金属间化合物形成峰的电流密度更大。从曲线中可以看出，提高氯化镁的浓度对熔盐中 Sm(Ⅲ)/Sm(Ⅱ) 离子的电化学反应影响不明显，因此确定在熔盐中适当提高氯化镁浓度有利于分离。

为了研究在 Sm_2O_3 和 Gd_2O_3 分离过程中氯化镁的最佳添加量，作者研究了镁离子浓度与氯化效果的关系。图 4-12 为 KCl-$LiCl$-Gd_2O_3-Sm_2O_3-$MgCl_2$ 电解质体系中氯化镁浓度与 $Gd(III)$ 和 $Sm(III)$ 离子浓度变化的关系曲线。

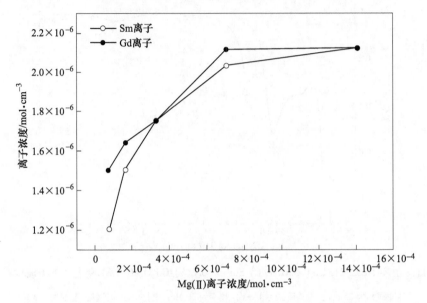

图 4-12 KCl-$LiCl$-Gd_2O_3-Sm_2O_3-$MgCl_2$ 电解质体系中在不同氯化镁浓度下
所得到的 $Gd(III)$ 离子和 $Sm(III)$ 离子的浓度变化曲线

从曲线中可以看出，在 $Mg(II)$ 离子浓度小于 7×10^{-4} mol/cm^3 时，随着 $Mg(II)$ 离子浓度的提高，熔盐中 $Gd(III)$ 离子和 $Sm(III)$ 离子的浓度也随之提高。而当 $Mg(II)$ 离子浓度超过 7×10^{-4} mol/cm^3 时，熔盐中 $Gd(III)$ 离子和 $Sm(III)$ 离子的浓度达到平衡。这一结果与在 KCl-$LiCl$-Dy_2O_3-Sm_2O_3-$MgCl_2$ 电解质体系的研究结果非常相似。而且三种稀土离子的平衡浓度都非常接近，约为 2.1×10^{-6} mol/cm^3。说明随着氯化镁与氧化钐 [式 (3-3)]、氧化镝 [式 (3-14)] 和氧化钆 [式 (4-1)] 的氯化反应达到平衡，生成的 $Sm(III)$ 离子、$Dy(III)$ 离子和 $Gd(III)$ 离子的浓度也达到了平衡，而且由于三种稀土之间的性质非常相似，使得在氯化反应中三种不同稀土的平衡浓度也非常接近。

根据图 3-10 和图 3-11 的研究结果，金属 Sm 及 Mg-Sm 金属间化合物的形成电位比金属 Li 的还原电位更负，在 KCl-$LiCl$ 熔盐的电势窗口中不能观察到金属

Sm 或 Mg-Sm 金属间化合物的形成。因此，不能得出 Mg-Gd 金属间化合物的形成电位与 Mg-Sm 金属间化合物的形成电位之差。根据式（1-7）可以看出，在电子转移数和温度一定的前提下，分离系数与电位差成正比。因此在本书中，选择了两种离子之间的最小电位差（即 Mg-Gd 金属间化合物的形成电位与金属 Li 的还原电位之差）来计算 Sm₂O₃ 和 Gd₂O₃ 之间的最小分离系数。

作者采用开路计时电位法计算 Mg-Gd 金属间化合物的形成电位与 Li（Ⅰ）离子还原电位差。图 4-13 为在 KCl-LiCl-Gd₂O₃-Sm₂O₃-MgCl₂ 电解质体系中检测到的开路计时电位曲线，沉积电位为−2.4 V，沉积时间为 30 s。从图中可以观察到四个明显的电位平台。其中平台 A 和平台 D 与图 4-5 中金属 Li 的溶解平台和金属 Gd 的溶解平台相一致。因此，在图 4-13 中平台 A 和平台 D 分别为金属 Li 和金属 Gd 的溶解平衡过程。平台 C 与 Mg-Gd 金属间化合物的形成电位一致，因此平台 C 为 Mg-Gd 金属间化合物的溶解平衡过程。平台 B 根据其电位确定为金属 Mg 的溶解平台。同样，在 KCl-LiCl-Gd₂O₃-Sm₂O₃-MgCl₂ 电解质体系中没有观察到金属 Sm 或者 Mg-Sm 金属间化合物的溶解平台，这也证实了在 KCl-LiCl-Gd₂O₃-Sm₂O₃-MgCl₂ 电解质体系中 Sm（Ⅲ）或者 Sm（Ⅱ）离子无论是还原为金属还是形

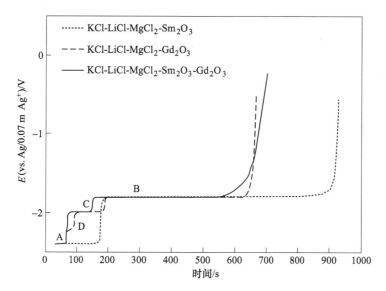

图 4-13　在 KCl-LiCl-MgCl₂（0.35 mol/L）-Sm₂O₃（0.5%）-

Gd₂O₃（0.5%）熔盐中的开路计时电位曲线

（工作电极为钨丝，沉积电位为−2.4 V，沉积时间为 30 s，温度为 873 K）

成金属间化合物的还原电位都比电解质中的 Li（Ⅰ）离子还原为金属锂的电位更负，因此说明在 KCl-$LiCl$-Gd_2O_3-Sm_2O_3-$MgCl_2$ 电解质体系中通过共还原法分离 Sm_2O_3 和 Gd_2O_3 可以成功实现。

作者根据图 4-13 中平台 A 和平台 C 的电位计算了 Mg-Gd 金属间化合物的形成电位与金属 Li 的形成电位差，通过式（1-7）计算二者的分离系数，即 Gd_2O_3 与 Sm_2O_3 的最小分离系数。当 n 为 3 时，Gd_2O_3 与 Sm_2O_3 的最小分离系数超过 99.99%，大于 $GdCl_3$ 与 $SmCl_3$ 在惰性电极上的最小分离系数。推测原因是在添加氯化镁之后发生了去极化和合金化作用，导致 ΔE 变大，使得计算出的最小分离系数也增大。因此可以得出以下结论，与 Mg 形成合金所引起的去极化作用可以促进 Sm_2O_3 和 Gd_2O_3 的分离。

4.3.3　分离产物的表征与分离效率

作者根据图 4-13 中平台 A 和平台 C 的电位差通过式（1-7）计算了 Gd_2O_3 与 Sm_2O_3 的最小分离系数。由于形成 Mg-Gd 金属间化合物发生的去极化作用使得二者电位差变大，因此计算出的分离系数增大。这说明如果氧化钆以 Mg-Gd 合金的形式分离出来，同时氧化钐仍然留在熔盐中，理论上分离效率要大于二者以各自金属提取时的分离效率。而且当 Gd_2O_3 以 Mg-Gd 合金的形式提取时，可以直接得到液态合金，这有利于分离产物的再处理。根据对图 4-10 的循环伏安曲线和图 4-13 的开路计时电位曲线的分析，作者选择了通过 -2.1 V 恒电位电解分离 Sm_2O_3 和 Gd_2O_3。选择此电位进行恒电位电解是因为 -2.1 V 尚未达到 Mg-Li 金属间化合物的沉积电位（大约 -2.25 V），也未达到金属 Sm 或者 Mg-Sm 金属间化合物形成电位（负于金属 Li 的沉积电位），因此可以在单独提取 Gd_2O_3 的前提下，以最大的电流密度进行电解分离。

根据以上研究，作者在 -2.1 V 进行了恒电位电解，电解时间分别为 4 h、8 h 和 12 h，对所得沉积物进行了 ICP-AES 分析，分析结果列于表 4-4。从表中可以看出，随着电解时间的增加，沉积物中 Gd 的含量也随之增加，而 Sm 在沉积物中的含量一直为 0，这样就可以通过恒电位电解的方法完成 Sm_2O_3 和 Gd_2O_3 的分离。为了研究所得沉积物的显微结构，作者将在 -2.1 V 下在 KCl-$LiCl$-Gd_2O_3-Sm_2O_3-$MgCl_2$ 电解质体系中恒电位电解 12 h 所得沉积物进行了 XRD 分析，如

图 4-14 所示。从图中可以看出所得沉积物主要组分为 α Mg 和 Mg₃Gd。根据 Mg-Gd[8] 相图（见图 4-15）分析可知，Mg₃Gd 是可以在较低温度下形成的一种稳定的晶体结构[9-12]。

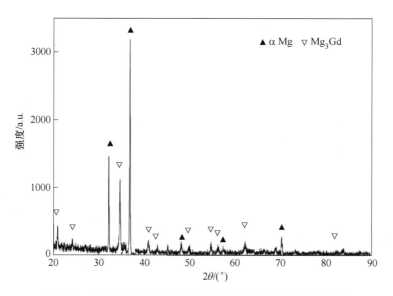

图 4-14　−2.1 V 恒电位沉积 12 h 所得金属的 XRD 谱图分析

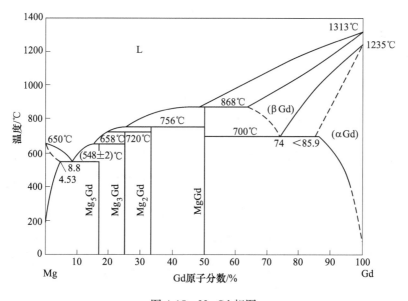

图 4-15　Mg-Gd 相图

表 4-4　在 -2.1 V 不同沉积时间时沉积物的 ICP-AES 分析结果

电解时间/h	元素质量分数/%		
	Gd	Sm	Mg
0	0	0	0
4	6.6	0	总量平衡
8	11.3	0	总量平衡
12	14.2	0	总量平衡

为了进一步研究所得沉积物的显微结构，对沉积物的截面进行了扫描电子显微镜及能谱分析。图 4-16 为在 -2.1 V 恒电位电解 12 h 后所得沉积物的截面 SEM 照片及 EDS 面扫描图。其中图 4-16（a）为所得沉积物截面的 SEM 照片，照片中黑色区域为 Mg 基体，灰白色区域为恒电位电解中得到的 Mg-Gd 金属间化合物 Mg_3Gd。从图 4-16（a）中可以看出，生成的 Mg_3Gd 对镁基体有一定的细化作用，Mg_3Gd 的形成将镁基体细化为约 40 μm 的晶粒。图 4-16（b）为截面上元素 Mg 的面扫描图，从图中可以看出，在晶粒交界处的 Mg 的含量要低于晶粒中的 Mg 含量。与图 4-16（c）中元素 Gd 的面扫描图分析对比，发现在晶粒交界处存在大量的 Gd，而在晶粒中 Gd 含量却很低，EDS 面扫描分析与 SEM 照片中关于 Mg 和 Gd 分布的分析一致。SEM 和 EDS 分析说明 Gd 主要存在于晶界处，并与 Mg 基体形成了 Mg-Gd 金属间化合物。图 4-16（d）为截面上元素 Sm 的面扫描图，从图中可以看出在整个截面上几乎不存在钐，与沉积物的 ICP-AES 分析一致。

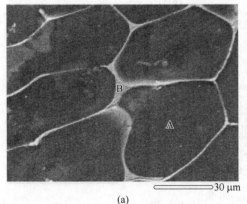

(a)

Mg K

(b)

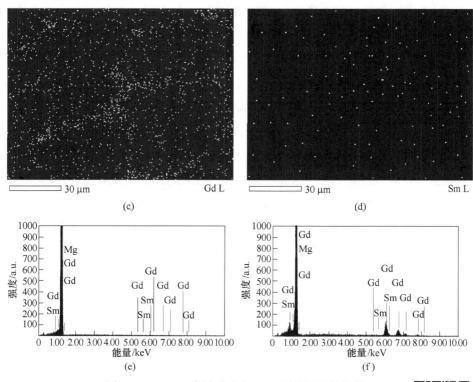

图 4-16 −2.1 V 恒电位电解 12 h 所得沉积物的截面
SEM 照片及 EDS 面扫描图

（a）沉积物的截面 SEM 照片；（b）Mg 的 EDS 面扫描图；

（c）Gd 的 EDS 面扫描图；（d）Sm 的 EDS 面扫描图；

（e）点 A 的能谱分析；（f）点 B 的能谱分析

图 4-16 彩图

作者在图 4-16（a）中选取了晶粒上的一个区域 A 和晶界上的一个区域 B 进行 EDS 能谱分析。图 4-16（e）为区域 A 处的 EDS 能谱分析，从图中可以看出，区域 A 主要为 Mg 元素，Gd 和 Sm 元素在能谱图中几乎不存在。图 4-16（f）为区域 B 处的 EDS 能谱分析，从图中可以看出，能谱图中除了 Mg 和 Gd 元素之外，不存在 Sm 元素。图 4-16（e）和图 4-16（f）的分析数据见表 4-5。

表 4-5　在区域 A 和区域 B 的 EDS 分析结果

区域	元素质量分数/%			元素原子分数/%		
	Mg	Gd	Sm	Mg	Gd	Sm
区域 A	99.57	0.43	——	99.93	0.07	——
区域 B	35.11	64.89	——	78.00	22.00	——

　　表 4-5 中的含量与图 4-16（a）的分析一致，黑色区域为镁基体，这符合区域 A 的 EDS 分析结果。而灰色区域为 Mg-Gd 金属间化合物，根据区域 B 的 EDS 分析，Mg：Gd 的原子比约为 3.5：1，可以近似看作 3，这与 Mg_3Gd 的原子比相同。在 EDS 分析中没有元素钐的存在，这证实采用恒电位电解的方法以 Mg-Gd 合金的形式单独提取 Gd_2O_3，从而达到氧化钐与氧化钆分离可以成功实现。而且根据所得沉积物的 ICP-AES 和 EDS 分析，确定在沉积物中不存在元素 Sm。

　　Gd_2O_3 和 Sm_2O_3 分离效率的计算方法与 $KCl\text{-}LiCl\text{-}MgCl_2\text{-}Dy_2O_3\text{-}Sm_2O_3$ 电解质体系相同。将熔盐冷却后溶解于稀盐酸中，待溶液澄清后（即 Sm_2O_3 和 Gd_2O_3 完全转化为 $SmCl_3$ 和 $GdCl_3$）计算 Gd（Ⅲ）离子浓度。所计算的 Gd（Ⅲ）离子浓度为 Gd_2O_3 与 $MgCl_2$ 和 HCl 反应所生成 Gd（Ⅲ）离子浓度的总和。通过熔盐中剩余 Gd（Ⅲ）离子浓度根据式（1-1）计算分离效率，得出采用共还原法分离稀土 Gd_2O_3 和 Sm_2O_3 的分离效率可以达到 98.0%。

4.4　本 章 小 结

　　（1）在 KCl-LiCl 熔盐中在惰性 W 电极上研究 Gd（Ⅲ）离子的电化学行为，研究结果表明 Gd（Ⅲ）离子的还原过程为一步得到三个电子还原为金属 Gd。

　　（2）在 KCl-LiCl 熔盐中在惰性 W 电极上研究添加 $SmCl_3$ 和 $GdCl_3$ 后的阴极电化学行为，结果表明两种离子的还原电位差至少为 0.2 V，计算出 $SmCl_3$ 和 $GdCl_3$ 最小分离系数为 99.7%。

　　（3）在 $KCl\text{-}LiCl\text{-}Gd_2O_3$ 熔盐中在惰性 W 电极上研究添加 $MgCl_2$ 前后的电化学行为，结果表明在添加 $MgCl_2$ 之前熔盐中不存在 Gd（Ⅲ）离子，在添加 $MgCl_2$ 之后在熔盐中出现了 Gd（Ⅲ）离子，且检测到 Gd（Ⅲ）离子与 Mg（Ⅱ）离子形成 Mg-Gd 金属间化合物的电化学信号，证明 $MgCl_2$ 可以使 Gd_2O_3 电离出 Gd（Ⅲ）离子，并通过熔盐上清液和不溶物的 XRD 分析证实了氯化反应产物为 $GdCl_3$ 和 GdOCl。

　　（4）在 $KCl\text{-}LiCl\text{-}MgCl_2\text{-}Gd_2O_3\text{-}Sm_2O_3$ 电解质体系中通过共还原法研究了 Gd_2O_3 和 Sm_2O_3 的分离。在 -2.1 V 恒电位电解 4 h、8 h、12 h 后得到了分离产物，通过 ICP-AES 分析证实沉积物中只有金属 Mg 和 Gd，不存在 Sm，即达到了 Gd_2O_3 和 Sm_2O_3 分离的目的。计算出在恒电位电解 12 h 后 Gd_2O_3 和 Sm_2O_3 的分离效率可以达到 98.0%。通过 XRD、SEM、EDS 分析合金的显微结构，表明 Gd

以 Mg_3Gd 的形式存在于晶界处，并对 Mg 基体起到了一定的细化作用。

参 考 文 献

[1] Castrillejo Y, Bermejo M R, Barrado A I, et al. Electrochemical behaviour of dysprosium in the eutectic LiCl-KCl at W and Al electrodes [J]. Electrochimica Acta, 2005, 50: 2047-2057.

[2] Gschneidner K A, Jr., Calderwood F W. The Gd-Sm (Gadolinium-Samarium) system [M]. Metals Park, Ohio: Bulletin of Alloy Phase Diagrams, 1983, 4 (2): 164-167.

[3] Castrillejo Y, Bermejo M R, Barrado E, et al. Solubilization of rare earth oxides in the eutectic LiCl-KCl mixture at 450 ℃ and in the equimolar $CaCl_2$-NaCl melt at 550 ℃ [J]. Journal of Electroanalytical Chemistry, 2003, 545: 141-157.

[4] Cho Y J, Yang H C, Eun H C, et al. Characteristics of oxidation reaction of rare-earth chlorides for precipitation in Lid-Kcl molten salt by oxygen sparging [J]. Journal of Nudear Science and Technology, 2006, 43 (10): 1280-1286.

[5] Chase M W. NIST-JANAF thermochemical tables: Fourth edition [M]. Maryland: National institute of standards and technology, 1998.

[6] Klungness G D, Byrne R H. Comparative hydrolysis behavior of the rare earths and yttrium: The influence of temperature and ionic strength [J]. Polyhedron, 2000, 19: 99-107.

[7] Takano M, Itoh A, Akabori M, et al. Hydrolysis reactions of rare-earth and americium mononitrides [J]. Journal of Physics and Chemistry of Solids, 2005, 66: 697-700.

[8] Manfrinetti P, Gschneidner K A, Jr. The Mg-Gd (Magnesium-Gadolinium) system phase equilibrium in the La-Mg (0-65% Mg) and Gd-Mg systems [J]. Journal of the Less common Metals, 1986, 123: 267-275.

[9] Zhang K, Li X G, Li Y J, et al. Effect of Gd content on microstructure and mechanical properties of Mg-Y-RE-Zr alloys [J]. Transactions of Nonferrous Metals Society of China, 2008, 18: 12-16.

[10] Chang J, Guo X, He S, et al. Investigation of the corrosion for Mg-xGd-3Y-0. 4Zr ($x = 6\%$, 8%, 10%, 12%) alloys in a peak-aged condition [J]. Corrosion Science, 2008, 50 (1): 166-177.

[11] Yang M B, Zhu Y, Liang X F, et al. Effects of Gd addition on as-cast microstructure and mechanical properties of Mg-3Sn-2Ca magnesium alloy [J]. Materials Science and Engineering: A, 2011, 528 (3): 1721-1726.

[12] Yang J, Xiao W L, Wang L D, et al. Influences of Gd on the microstructure and strength of Mg-4. 5Zn alloy [J]. Materials Characterization, 2008, 59: 1667-1674.

5 Sm、Dy 和 Gd 在惰性和活性电极上的电解分离

5.1 引　言

由第 3~4 章对稀土 Sm/Dy 和 Sm/Gd 分离的研究结果表明，在 KCl-LiCl 电解质体系中稀土元素 Sm 从其他两种稀土元素（Dy 和 Gd）中的分离过程都是将 Sm 保留在熔盐中，而 Dy 和 Gd 以合金的形式分离出来。因此，对于 Sm、Dy 和 Gd 三者在 KCl-LiCl 电解质体系中的分离，主要研究目标为 Dy 和 Gd 的分离。根据第 3~4 章的研究结论，Dy(Ⅲ) 离子在 Mg 上沉积形成 Mg-Dy 合金的电位比 Gd(Ⅲ) 离子在 Mg 上沉积形成 Mg-Gd 合金的电位更正，因此推断三种稀土元素分离的过程为：首先将稀土元素 Dy 以其合金的形式从电解质体系中分离出来，然后将 Gd(Ⅲ) 离子以 Mg-Gd 合金的形式分离出来；而稀土 Sm 仍然保留在熔盐中，达到三种稀土分离的目的。本章首先需要证实以上的推论，然后在此基础上研究三种稀土元素的分离。

5.2　SmCl₃、DyCl₃ 和 GdCl₃ 在钨电极上电解分离的研究

图 5-1 为在 KCl-LiCl 电解质体系中添加 SmCl₃、DyCl₃ 和 GdCl₃ 的循环伏安曲线。

在曲线 1 中可以观察到四个明显的还原信号 A_c、B_c、C_c 和 D_c，在反向扫描中能够观察到的氧化峰有三个，分别是 A_a、E_a 和 D_a。对于四个还原信号，根据其还原电位与第 3~4 章的研究结果相比较，确定 A_c、B_c 和 C_c 三个还原峰分别为 Li(Ⅰ) 离子、Gd(Ⅲ) 离子、Dy(Ⅲ) 离子还原为各自金属的过程，而 D_c 为 Sm(Ⅲ) 离子还原为 Sm(Ⅱ) 离子的电化学反应过程。对于氧化峰的分析，推测 A_a 和 D_a 是金属 Li 和 Sm(Ⅱ) 离子的氧化过程，氧化反应的产物分别为 Li(Ⅰ)

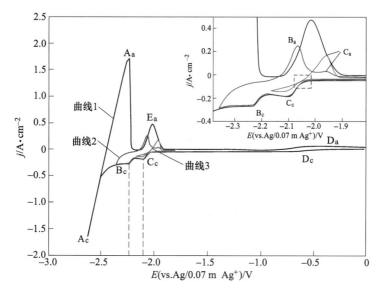

图 5-1   在 KCl-LiCl-SmCl₃(0.062 mol/L)-DyCl₃(0.062 mol/L)-

GdCl₃(0.062 mol/L) 熔盐中的循环伏安曲线

（工作电极为钨丝，温度为 873 K，扫描速度为 0.1 V/s）

离子和 Sm(Ⅲ) 离子。

为了分析氧化峰 E_a，作者改变了循环伏安曲线的扫描终止电位。当扫描终止电位为 -2.35 V 时，熔盐中的 Li(Ⅰ) 离子尚未达到发生氧化还原反应的电位，此时的电势窗口为 -1.8～-2.35 V，曲线 2 为研究所得的循环伏安曲线，插入图为此电势范围的放大图。从图中可以看出，在曲线 2 中还原峰 B_c 和 C_c 与曲线 1 相同，而在曲线 2 中（曲线 1 中氧化峰 E_a 处）观察到了二者对应的氧化峰 B_a 和 C_a。这说明在曲线 1 所观察到的氧化峰 E_a 为金属 Gd 和金属 Dy 二者氧化峰的叠加。推测原因是金属 Gd 和金属 Dy 的氧化电位接近，从而发生了二者连续的氧化过程。而在曲线 2 中可以观察到两个独立的氧化峰，这是因为随着扫描终止电位正移，使得在沉积过程中电极表面 Gd(Ⅲ)、Dy(Ⅲ) 离子得到的电量减少，进而还原为各自金属的量降低，因此在二者的氧化过程中可以观察到各自的氧化峰 B_a 和 C_a，而不是两种金属连续的氧化过程 E_a。在图中没有观察到 Dy-Gd 合金峰，这与对 Dy-Gd[1] 相图（见图 5-2）的分析一致。从 Dy-Gd 相图中可以看出，二者不存在金属间化合物。因此，在图 5-1 的循环伏安曲线中没有观察到 Gd(Ⅲ) 离子在金属 Dy 上的去极化现象，这有利于二者的分离。

　　为了进一步研究 $SmCl_3$、$DyCl_3$、$GdCl_3$ 的分离，作者将循环伏安曲线的扫描终止电位进一步改变，曲线 3 为当电势窗口为-1.8~-2.15 V 时研究所得的循环伏安曲线。从曲线 3 中可以看出，当扫描终止电位进一步正移时，在曲线中仅可以观察到一对氧化还原峰 C_c/C_a，即 Dy(Ⅲ)/Dy(0) 的还原氧化反应。从图中可以看到，在曲线 2 中 Dy(Ⅲ) 离子还原峰的面积要大于其氧化峰的面积。这一现象说明了在曲线 2 中有 Dy(Ⅱ) 离子形成，Dy(Ⅲ) 离子首先还原为 Dy(Ⅱ) 离子，Dy(Ⅱ) 离子再还原为金属 Dy，这一过程使得在还原反应中的电流效率降低，从而导致在曲线中观察到的还原峰面积大于氧化峰面积。说明所观察到的还原反应为两个快速反应综合作用的结果。比较曲线 2 与曲线 3 中 Dy(Ⅲ)/Dy(0) 的还原氧化反应，说明在 Dy(Ⅲ)/Dy(0) 的还原氧化反应中，离子浓度、电流密度都会影响 Dy(Ⅲ) 离子的变价过程。这与第 3 章关于 Dy(Ⅲ) 离子的研究结论相符合。

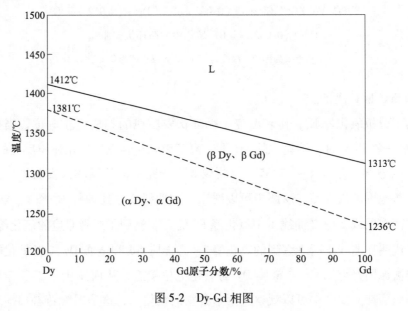

图 5-2　Dy-Gd 相图

　　为了进一步研究三种离子的分离电位，对 KCl-LiCl-$SmCl_3$-$DyCl_3$-$GdCl_3$ 电解质体系在-1.8~-2.4 V 的电势窗口内研究了不同扫描速度的循环伏安曲线，如图 5-3 所示。从图 5-3 不同扫描速度的循环伏安曲线可以看出，在正向扫描中可以观察到三个还原峰 A_c、B_c 和 C_c。根据之前的研究结果可知，三者分别为 Li(Ⅰ) 离子、Gd(Ⅲ) 离子和 Dy(Ⅲ) 离子还原为各自金属的还原过程。反向扫描过程中，在低扫描速度时（10~50 mV/s），只能检测到一个氧化峰 B_a，而

此时氧化峰 B_a 的峰电位是随着扫描速度的增大而变正。随着扫描速度的增加，可以观察到另一个阳极氧化峰 C_a，根据第 3 章关于 KCl-LiCl-DyCl₃ 熔盐不同扫描速度的循环伏安曲线（见图 3-5）分析，氧化峰 C_a 的电位与在图 3-5 中 Dy（Ⅱ）离子氧化为 Dy（Ⅲ）离子的氧化峰电位一致。而且在扫描速度为（50~90 mV/s）时，氧化峰 B_a 的峰电位随着扫描速度的增大而变负。

综合以上两点可以得到以下结论，在 KCl-LiCl-SmCl₃-DyCl₃-GdCl₃ 电解质体系中低扫描速度的条件下，可以检测到电极上的金属 Dy 通过一步氧化生成 Dy（Ⅲ）离子；在扫描速度和电流密度提高之后，电极上的金属 Dy 先经过一步氧化过程生成 Dy（Ⅱ）离子，Dy（Ⅱ）离子再经过一步氧化反应生成 Dy（Ⅲ）离子。这一结论与图 5-1 以及在 KCl-LiCl-DyCl₃ 熔盐的不同扫描速度的循环伏安曲线（见图 3-5）中所得出的结论相吻合。根据图 5-1 和图 5-3 的循环伏安曲线分析，对于 SmCl₃、DyCl₃ 和 GdCl₃ 在 KCl-LiCl 熔盐中在惰性电极上的分离，理论上可以按照 Dy、Gd、Sm 的次序依次分离。即首先将还原电位最正的 DyCl₃ 以其金属的形式分离出来。当分离完成后，将 GdCl₃ 以其金属的形式分离出来。最后 SmCl₃ 存在于熔盐中，从而实现 SmCl₃、DyCl₃、GdCl₃ 的分离。

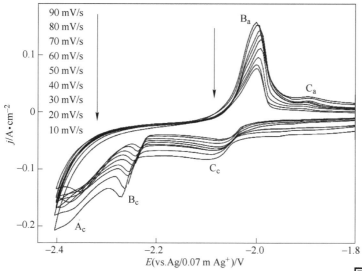

图 5-3 在 KCl-LiCl-SmCl₃（0.062 mol/L）-DyCl₃（0.062 mol/L）-GdCl₃（0.062 mol/L）熔盐中不同扫描速度的循环伏安曲线

（工作电极为钨丝，温度为 873 K，扫描速度为 10~90 mV/s）

图 5-3 彩图

为了进一步研究 SmCl$_3$、DyCl$_3$ 和 GdCl$_3$ 在 KCl-LiCl 熔盐中的分离，作者采用了灵敏度更高的方波伏安法对熔盐中发生的电化学反应进行研究。从上述关于 SmCl$_3$、DyCl$_3$ 和 GdCl$_3$ 的电化学研究可知，由于 SmCl$_3$ 的还原电位较熔盐电解质更负，因此三者的分离效果主要决定于 DyCl$_3$ 和 GdCl$_3$ 的分离。因此，在对 KCl-LiCl-SmCl$_3$-DyCl$_3$-GdCl$_3$ 熔盐的方波伏安曲线的研究中，作者着重研究了在 -1.75～-2.35 V 电势窗口，即 Dy(Ⅲ) 离子与 Gd(Ⅲ) 离子还原电位范围内的电化学信号。

图 5-4 为在 KCl-LiCl-SmCl$_3$-DyCl$_3$-GdCl$_3$ 熔盐中检测出的方波伏安曲线。从曲线中可以发现三个还原信号。与之前研究 Dy(Ⅲ) 离子（见图 3-4）和 Gd(Ⅲ) 离子（见图 4-2）电化学过程的方波伏安曲线比较，发现在二者共同存在的熔盐中，二者的还原电位及峰的对称性都没有变化。作者将实验曲线通过高斯拟合计算，再经过分峰软件处理，将实验曲线分成了三个峰，记为 A、B、C。从图中可以看出，实验所得曲线与拟合之后的曲线吻合良好，具有很好的相似性。峰 A、峰 B、峰 C 的半峰电位差分别为 0.19 V、0.13 V 和 0.08 V，通过式（3-2）计算电子转移数 n 分别是 1.4、2.0、3.3，近似为 1、2、3。因此，确定 Dy(Ⅲ) 是先通过一步电子转移得到一个电子变成 Dy(Ⅱ)，之后再得到两个电子还原为金属 Dy。Gd(Ⅲ) 离子通过一步三电子转移过程还原为金属 Gd。

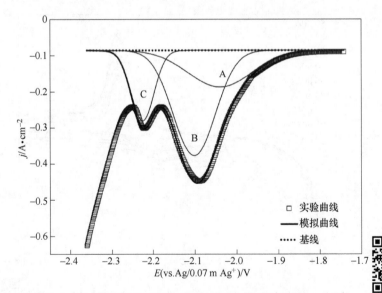

图 5-4   在 KCl-LiCl-SmCl$_3$(0.062 mol/L)-DyCl$_3$(0.062 mol/L)-
GdCl$_3$(0.062 mol/L) 熔盐中的方波伏安曲线

图 5-4 彩图

（脉冲振幅为 25 mV，电势阶跃为 1 mV，频率为 30 Hz，工作电极为钨丝，温度为 873 K）

根据第 3~4 章在惰性电极上对 SmCl₃、DyCl₃ 和 GdCl₃ 的研究，对于三者在 KCl-LiCl 熔盐中在惰性电极上的分离可以按照以下过程完成：首先将 DyCl₃ 以金属形式分离出来；其次将 GdCl₃ 以金属形式分离出来；SmCl₃ 保留于熔盐中，即完成三者的分离。

SmCl₃、DyCl₃ 和 GdCl₃ 的分离系数可以根据式（1-7）计算。根据以上电化学研究的结果，三者的分离系数首先需要研究 Gd(Ⅲ) 离子和 Dy(Ⅲ) 离子的分离系数，而剩余在熔盐中的 Sm(Ⅱ) 离子和 Gd(Ⅲ) 离子的分离系数可以参考第 4 章的研究结果。因此在第一步分离过程中，式（1-7）中的 n 为 Dy(Ⅲ) 离子的电子转移数，而根据第 3 章和本章中对于 Dy(Ⅲ) 离子还原过程的研究，在不同扫描速度、不同浓度下 Dy 离子可以观察到一步三电子转移和两步电子转移两种过程，因此分别计算了转移电子数 n 为 2 和 3 两种情况下的分离系数。

作者采用开路计时电位法计算 Dy(Ⅲ) 离子与 Gd(Ⅲ) 离子之间的电位差。图 5-5 为在 KCl-LiCl-DyCl₃-GdCl₃-SmCl₃ 熔盐中测试出的开路计时电位曲线，沉积电位为−2.4 V，沉积时间为 300 s。从图中曲线 3 可以观察到三个明显的电位平台，与曲线 1（KCl-LiCl-GdCl₃-SmCl₃ 熔盐）和曲线 2（KCl-LiCl-DyCl₃-SmCl₃ 熔盐）比较，确定平台 A、B、C 分别为金属 Li、金属 Gd 及金属 Dy 的溶解平衡过程。作者通过图 5-5 中平台 B 和平台 C 计算 Gd(Ⅲ) 离子与 Dy(Ⅲ) 离子的电位差，通过式（1-7）计算 DyCl₃ 与 GdCl₃/SmCl₃ 的分离系数。得出 n 为 2 时，DyCl₃ 与 GdCl₃/SmCl₃ 的分离系数为 95.9%；当 n 为 3 时，DyCl₃ 与 GdCl₃/SmCl₃ 的分离系数为 99.2%。

根据电化学研究可知，SmCl₃、DyCl₃ 和 GdCl₃ 分离的关键步骤是 DyCl₃ 和 GdCl₃ 的分离。由于 Dy 和 Gd 不能形成金属间化合物，且循环伏安曲线的分析证实了 Gd(Ⅲ) 离子在先沉积的金属 Dy 上不发生欠电位沉积。因此，作者研究了在惰性 W 电极上 DyCl₃ 和 GdCl₃ 的分离。由于电解质中 Li 离子和 K 离子的浓度远大于 Gd 离子和 Dy 离子的浓度，如果采用恒电流电解的方法进行分离，在电极表面易发生浓差极化现象，使得金属 Li 同样会沉积在电极上。因此，作者选择了恒电位电解的方法对 SmCl₃、DyCl₃、GdCl₃ 进行分离。

电解分离的实验温度为电化学测试所选择的 873 K。分离电位选择为−2.1 V，选择此电位的原因是尚未达到 Gd(Ⅲ) 离子的还原电位，理论上可以使 DyCl₃ 沉积出来，而金属 Li、K、Sm 和 Gd 仍然以各自的离子形式保留在熔盐中，从而达到分离的目的。在−2.1 V 恒电位沉积了 2 h、3 h、4 h 之后，在电极表面和熔盐

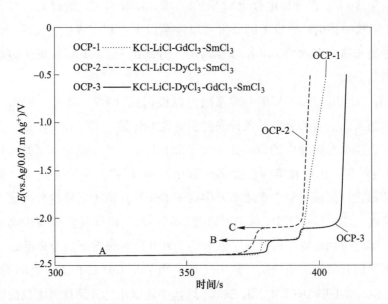

图 5-5 （OCP-1）在 KCl-LiCl-GdCl$_3$（0.062 mol/L）-SmCl$_3$（0.062 mol/L）熔盐中，（OCP-2）

在 KCl-LiCl-DyCl$_3$（0.062 mol/L）-SmCl$_3$（0.062 mol/L）熔盐中，（OCP-3）在 KCl-LiCl-DyCl$_3$

（0.062 mol/L）-GdCl$_3$（0.062 mol/L）-SmCl$_3$（0.062 mol/L）熔盐中的开路计时电位曲线

（工作电极为钨丝，沉积电位为-2.4 V，沉积时间为 300 s，温度为 873 K）

底部都未收集到金属。分析原因，与 SmCl$_3$、DyCl$_3$ 和 GdCl$_3$ 的分离过程相似，在 873 K 的实验条件下，Dy(Ⅲ) 离子还原之后以固态形式沉积并脱落到熔盐里，而继续沉积的金属 Dy 仍然以固态形式沉积，由于沉积的金属 Dy 为固态，不能很好地聚集在一起形成大颗粒的金属，随着电解的进行，一部分移动到了阳极重新氧化成 Dy(Ⅲ) 离子，一部分散落在电解质的底部无法收集。因此，说明 DyCl$_3$ 以金属的形式分离，虽然在理论上可行，但是在低温条件下得到金属 Dy 非常困难。

5.3 SmCl$_3$、DyCl$_3$ 和 GdCl$_3$ 在镁电极上的分离

5.3.1 SmCl$_3$、DyCl$_3$ 和 GdCl$_3$ 在镁电极上的电化学行为及分离

根据上述研究结果可知，低温下在惰性 W 电极上 SmCl$_3$、DyCl$_3$、GdCl$_3$ 的分离非常困难。为了研究三种稀土氯化物的分离，作者选择了阴极合金化法。阴极

合金化法可以降低实验温度，并使得沉积电位由于形成阴极合金发生去极化作用正移。

　　在采用直接沉积法分离氯化稀土混合物时的实验温度为 873 K。然而金属 Mg 的熔点为 921 K，如果将镁阴极浸没在 873 K 的熔盐中，由于熔盐温度已经接近于 Mg 熔点，而且在实验中阴极表面会有 Mg-RE 金属间化合物形成，对镁阴极表面的物态和阴极性能造成影响。因此，在采用镁为固态阴极进行分离的研究中，实验温度降低为 773 K，循环伏安曲线如图 5-6 所示。

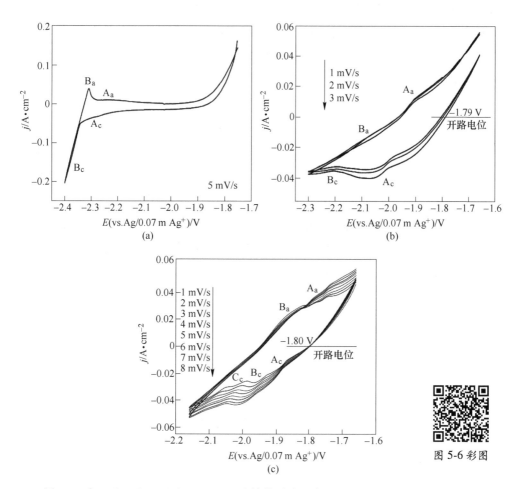

图 5-6　在 KCl-LiCl-SmCl₃(0.031 mol/L)熔盐（a）、在 KCl-LiCl-GdCl₃(0.031 mol/L)

熔盐（b）和在 KCl-LiCl-DyCl₃(0.031 mol/L) 熔盐（c）中的循环伏安曲线

（工作电极为镁，温度为 773 K）

图 5-6 中（a）~（c）为以固态镁为阴极在 KCl-LiCl 熔盐中分别添加 $SmCl_3$、$GdCl_3$、$DyCl_3$ 时的循环伏安曲线。图 5-6（a）为在 KCl-LiCl 熔盐中添加 $SmCl_3$ 之后得到的循环伏安曲线，扫描速度为 5 mV/s。选择低扫描速度的原因是 Mg 电极作为活性电极，在活性电极上发生电化学反应的速率要远远大于在惰性电极上的反应速率，这使得只能在较低的扫描速度下通过延长反应时间，以接近稳态的测量方式观察电极表面的电化学反应。从曲线中可以观察到两对还原氧化峰，其中还原峰 A_c 为 Li(Ⅰ) 在 Mg 电极上发生欠电位沉积形成 Mg-Li 合金的还原过程，氧化峰 A_a 为对应的 Mg-Li 合金的溶解过程。还原氧化峰 B_c/B_a 为金属锂的形成和溶解过程。与之前的研究相同，在曲线中没有观察到 Mg-Sm 合金的形成。

图 5-6（b）为在 KCl-LiCl 熔盐中添加 $GdCl_3$ 之后检测到的循环伏安曲线。在正向扫描过程中在-2.0 V 左右观察到还原峰 A_c，即为 Gd(Ⅲ) 离子在镁阴极上发生欠电位沉积形成 Mg-Gd 金属间化合物的电化学反应，其对应的 Mg-Gd 金属间化合物溶解的氧化峰为 A_a。还原氧化峰 B_c/B_a 为金属 Gd 的沉积和溶解过程。从曲线中可以看出，在活性镁阴极上 Gd(Ⅲ) 离子形成 Mg-Gd 金属间化合物的还原电位与在惰性电极上 Gd(Ⅲ) 离子与 Mg(Ⅱ) 离子共还原形成 Mg-Gd 金属间化合物的还原电位相同，均为-2.0 V。但由于在活性镁电极上发生沉积时的温度要比在惰性电极上发生沉积的温度低 100 K，因此根据能斯特方程计算，在活性镁电极上发生沉积时的活度大于在惰性电极上发生沉积时的活度。

图 5-6（c）为在 KCl-LiCl 熔盐中添加 $DyCl_3$ 时测试得出的循环伏安曲线。在正向扫描过程中可以观察到三个还原信号 A_c、B_c、C_c，由于熔盐中只添加 Dy(Ⅲ) 一种金属离子，因此还原电位为-1.88 V 的信号 A_c 为 Mg-Dy 金属间化合物的形成；而信号 B_c 和 C_c 分别与 KCl-LiCl-$DyCl_3$ 熔盐的循环伏安曲线中 Dy(Ⅲ) 离子还原为 Dy(Ⅱ) 离子、Dy(Ⅱ) 离子还原为金属 Dy 的电位一致。推断 B_c 和 C_c 为 Dy(Ⅲ) 离子通过两步得电子还原为金属 Dy 的电化学过程。从图 5-6（c）的曲线中可以看出，当扫描速度大于 2 mV/s 时，在循环伏安曲线中的-2.0 V 附近就只能观察到一个还原信号，说明随着电化学反应速度的加快，Dy(Ⅲ) 离子的两步电子转移过程只能检测到一步快速的电化学反应，这与在 KCl-LiCl-$DyCl_3$ 熔盐中观察到的现象相同。在反向扫描过程中观察到的两个氧化信号 B_a 和 A_a，分别对应于金属 Dy 和 Mg-Dy 合金的溶解。

图 5-7 为以固态镁为阴极在 KCl-LiCl-$SmCl_3$-$DyCl_3$-$GdCl_3$ 熔盐中得到的循环伏安曲线。从曲线中可以观察到，当扫描速度为 1 mV/s 和 3 mV/s 时，在正向扫描

过程中可以观察到两个还原信号 A$_c$ 和 B$_c$，比较图 5-6（b）和图 5-6（c）的循环伏安曲线分析可知，A$_c$ 和 B$_c$ 分别对应于 Mg-Dy 和 Mg-Gd 两种金属间化合物的形成过程，在反向扫描过程中可以观察到 Mg-Gd 和 Mg-Dy 金属间化合物的溶解信号 B$_a$ 和 A$_a$，在曲线中没有观察到 Mg-Sm 合金的形成。当扫描速度为 5 mV/s 时，从曲线中可以看出 Mg-Gd 和 Mg-Dy 金属间化合物的形成峰叠加为一个峰，这说明随着电化学反应速率的提高，DyCl$_3$ 与 GdCl$_3$/SmCl$_3$ 在活性镁电极上的分离会变得更加困难。且此时的电流密度仅为 −0.05 A/cm^2，说明如果采用恒电流电解的方法进行分离非常困难。在活性镁电极上仍然采用恒电位电解的方法对三种稀土氯化物进行分离。

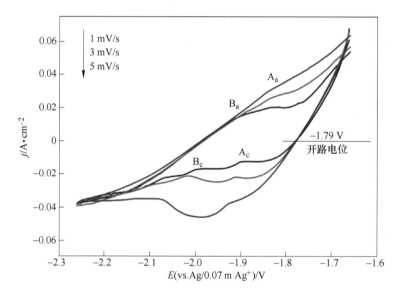

图 5-7　在 KCl-LiCl-SmCl$_3$（0.031 mol/L）-DyCl$_3$（0.031 mol/L）-
GdCl$_3$（0.031 mol/L）熔盐中的循环伏安曲线
（工作电极为镁，温度为 773 K）

根据图 5-6 和图 5-7 的研究结果，在活性镁阴极上 Mg-Sm 金属间化合物的形成电位要负于电解质中的金属 Li 的还原电位，Mg-Gd 金属间化合物的形成电位要负于 Mg-Dy 金属间化合物的形成电位。因此，设计 SmCl$_3$、DyCl$_3$、GdCl$_3$ 在活性镁阴极上的分离过程如下：在合适的电位下，采用恒电位电解的方法将 DyCl$_3$ 以 Mg-Dy 合金的形式分离；在 Mg-Dy 提取完全之后，更换活性镁阴极将 DyCl$_3$ 以 Mg-Gd 合金的形式分离；当完成 DyCl$_3$ 与 GdCl$_3$/SmCl$_3$、GdCl$_3$ 与 SmCl$_3$ 分离之后，SmCl$_3$ 仍然保留在熔盐中，从而实现三者的分离。

作者根据式（1-7）计算 SmCl$_3$、DyCl$_3$、GdCl$_3$ 的分离系数。根据电化学研究的结果，三者分离系数首先需要计算 DyCl$_3$ 与 GdCl$_3$/SmCl$_3$ 的分离系数。而通过 Gd(Ⅲ) 离子与 Li(Ⅰ) 离子的分离系数计算出剩余在熔盐中 GdCl$_3$ 与 SmCl$_3$ 的最小分离系数。根据式（1-7）计算 DyCl$_3$ 与 GdCl$_3$/SmCl$_3$ 的分离系数，n 为 Dy(Ⅲ) 离子沉积的电子转移数，根据本章对 Dy(Ⅲ) 离子还原过程的研究，在活性镁电极上在不同扫描速度下 Dy 离子可以观察到一步三电子转移和两步电子转移两种过程，因此分别计算了转移电子数 n 为 2 和 3 两种情况下 DyCl$_3$ 与 GdCl$_3$/SmCl$_3$ 的分离系数。对于 GdCl$_3$ 与 SmCl$_3$ 的最小分离系数的计算，n 为 Gd(Ⅲ) 离子在活性镁电极上的电子转移数 3。式（1-7）中的 ΔE 采用开路计时电位法计算。

图 5-8 为在活性镁电极上 KCl-LiCl-GdCl$_3$-SmCl$_3$ 熔盐、KCl-LiCl-DyCl$_3$-SmCl$_3$ 熔盐、KCl-LiCl-DyCl$_3$-GdCl$_3$-SmCl$_3$ 熔盐中测试得出的开路计时电位曲线，沉积电

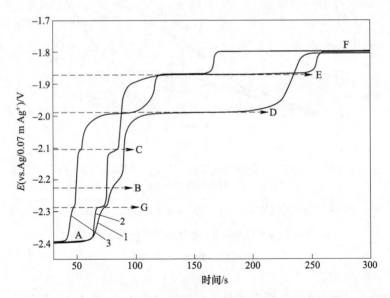

图 5-8　在活性镁电极上 KCl-LiCl-GdCl$_3$-SmCl$_3$ 熔盐、KCl-LiCl-DyCl$_3$-SmCl$_3$ 熔盐、

KCl-LiCl-DyCl$_3$-GdCl$_3$-SmCl$_3$ 熔盐中测试得出的开路计时电位曲线

1—在 KCl-LiCl-GdCl$_3$(0.031 mol/L)-SmCl$_3$(0.031 mol/L) 熔盐中；

2—在 KCl-LiCl-DyCl$_3$(0.031 mol/L)-SmCl$_3$(0.031 mol/L) 熔盐中；

3—在 KCl-LiCl-DyCl$_3$(0.031 mol/L)-GdCl$_3$(0.031 mol/L)-SmCl$_3$(0.031 mol/L) 熔盐中

（工作电极为镁，沉积电位为 -2.4 V，沉积时间为 30 s，温度为 773 K）

位为-2.4 V，沉积时间为 30 s。在曲线 1（KCl-LiCl-GdCl₃-SmCl₃ 熔盐）中电位由负到正依次可以观察到 A、G、B、D、F 五个电化学信号，根据电位分析五个电化学信号分别为金属 Li、Mg-Li 合金、金属 Gd、Mg-Gd 合金及金属镁的溶解平衡过程。在曲线 2（KCl-LiCl-DyCl₃-SmCl₃ 熔盐）中电位由负到正依次可以观察到 A、G、C、E、F 五个电化学信号，根据其电位分别为金属 Li、Mg-Li 合金、金属 Dy、Mg-Dy 合金及金属镁的溶解平衡过程。在曲线 3（KCl-LiCl-DyCl₃-GdCl₃-SmCl₃ 熔盐）中可以观察到七个明显的电化学信号，与曲线 1 和曲线 2 比较分析可知，平台电位由负到正依次为金属 Li、Mg-Li 合金、金属 Gd、金属 Dy、Mg-Gd 合金、Mg-Dy 合金及金属 Mg 的溶解平衡过程。

作者根据图 5-8 中平台 E 和平台 D 的电位计算了 Mg-Gd 和 Mg-Dy 金属间化合物形成的电位差，通过式（1-7）计算 DyCl₃ 与 GdCl₃/SmCl₃ 的分离系数。得出 n 为 2 时，DyCl₃ 与 GdCl₃/SmCl₃ 的分离系数为 97.3%；当 n 为 3 时，DyCl₃ 与 GdCl₃/SmCl₃ 的分离系数为 99.5%。从计算结果可以看出，在 773 K 活性镁电极上 DyCl₃ 与 GdCl₃/SmCl₃ 的分离系数大于在 873 K 惰性电极上 DyCl₃ 与 GdCl₃/SmCl₃ 的分离系数。说明较低的温度更适合三种稀土的分离。在较低的温度下，虽然由于发生去极化作用，活泼的金属 Gd 与金属 Mg 更易形成金属间化合物，使得 ΔE 变小，但是根据式（1-7）计算，温度的变化对分离系数有较大影响，所以在低温下分离系数要大于在高温下 ΔE 较大时的分离系数。这对于分离研究的实验条件有一定的指导作用。

作者根据图 5-8 中平台 A 和平台 D 的电位计算金属 Li 和 Mg-Gd 金属间化合物形成的电位差，通过式（1-7）计算了 GdCl₃ 与 SmCl₃ 的最小分离系数。Gd（Ⅲ）离子的转移电子数 n 为 3，因此计算出 GdCl₃ 与 SmCl₃ 的最小分离系数超过 99.99%。更低的温度和更大的电位差使得计算出在活性镁电极上 GdCl₃ 与 SmCl₃ 的最小分离系数大于在惰性电极上的最小分离系数。这是由于金属 Gd 与活性 Mg 电极发生了去极化作用，导致 ΔE 变大，使得计算出的最小分离系数也增大。说明金属 Gd 与 Mg 发生去极化和合金化作用可以促进 GdCl₃ 与 SmCl₃ 的分离。

5.3.2 分离产物的表征与分离效率

根据图 5-7 和图 5-8 的分析，作者在活性镁阴极上采用-1.90 V 通过恒电位电解对三种稀土氯化物进行分离。由于采用恒电位电解分离时的电流密度非常小，因此将沉积时间延长至 24 h。将所得沉积物全部溶解于王水后进行 ICP 分析，分析结果列于表 5-1 中。从表 5-1 中可以看出，随着电解时间的增加，沉积物中 Dy 含量也随之增加，而 Sm 和 Gd 在沉积物中的含量一直为 0，因此，在活性镁电极上通过恒电位电解的方法实现了 DyCl$_3$ 与 GdCl$_3$/SmCl$_3$ 的分离。为了研究所得沉积物的显微结构，作者将在 -1.90 V 下在 LiCl-KCl-GdCl$_3$-DyCl$_3$-SmCl$_3$ 电解质体系中恒电位电解 4 h、12 h 和 24 h 的活性镁电极表面进行了 XRD 分析，如图 5-9 所示。

表 5-1　在 -1.90 V 沉积不同时间的沉积物的 ICP-AES 分析结果

电解时间 /h	元素质量分数/%				浓度/mol·L^{-1}			层厚 /μm	沉积速率 /μm·h^{-1}	镝分离效率 /%
	Dy	Gd	Sm	Mg	DyCl$_3$	GdCl$_3$	SmCl$_3$			
0	0	0	0	总量平衡	0.031	0.031	0.031	——	——	0
4	7.1	0	0	总量平衡	0.024	0.031	0.031	105	25	22.6
12	16.5	0	0	总量平衡	0.013	0.031	0.031	285	24	58.1
24	24.8	0	0	总量平衡	0.001	0.031	0.031	450	19	96.8

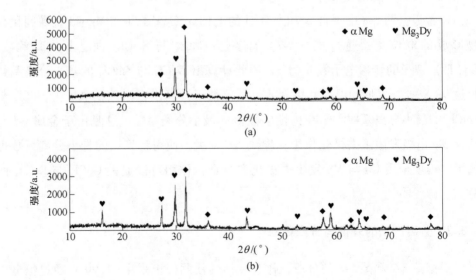

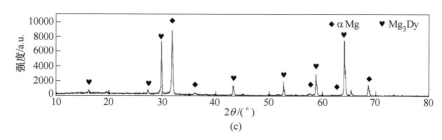

图 5-9 在 −1.90 V 恒电位电解 4 h、12 h 和 24 h 的活性镁电极的 XRD 谱图分析

(a) 4 h; (b) 12 h; (c) 24 h

从图 5-9 中可以看出，电解不同时间后活性镁电极表面上的沉积物主要组分都为 α Mg 和 Mg_3Dy。而随着沉积时间的延长，活性镁电极表面沉积的 Dy 增加，XRD 谱图上的 Mg_3Dy 强度也随之增加。这与沉积物的 ICP-AES 分析结果一致，证明在 −1.90 V 恒电位电解可以将 DyCl₃ 以 Mg-Dy 合金的形式从混合氯化物中成功分离出来。

图 5-10 中的 (a)~(c) 图为在 −1.90 V 恒电位沉积 4 h、12 h、24 h 之后镁电极截面的 SEM 照片。

从图 5-10 中可以看出三个明显的层次，左侧黑色的区域为固定镁电极的树脂，中层浅灰色的部分为 Dy 在活性镁电极上形成的 Mg_3Dy 合金层，右侧深灰色的区域为镁电极本体。根据不同时间沉积厚度的不同，可以算出平均沉积速率，见表 5-1。从表中可以看出，随着沉积时间的延长，在镁电极上 Dy(Ⅲ) 离子沉积的速率变慢，这与电解不同时间沉积物的 ICP-AES 分析中 Dy 含量一致。关于这一现象，Y. Castrillejo 等研究者[2] 在关于 Dy 成核机理的研究上也曾提出，他们认为这是由于 Dy(Ⅲ) 离子在金属 Dy 表面的沉积电位要负于在活性电极表面的沉积电位。而随着沉积时间的延长，在活性镁电极表面沉积了越来越多的金属 Dy，因此使得 Dy(Ⅲ) 离子进一步沉积的速率降低。

图 5-10 中 (a₁)、(b₁) 和 (c₁) 图为在 −1.90 V 恒电位沉积 4 h、12 h、24 h 之后镁电极表面的 SEM 照片，放大倍数为 500 倍。从图中可以看出，镁电极的表面清楚地分为两个相，黑色区域和灰色区域，根据之前关于 SEM 形貌的研究，黑色区域为 α Mg 相，灰色区域为 Mg_3Dy 相。对比三张表面 SEM 照片可以看出随着沉积时间的增加，镁电极表面沉积了越来越多的金属 Dy，灰色的 Mg_3Dy 相不断增长，使得原本镁电极上的镁基体被细化成了更小的晶粒。这说明更多 Dy 的沉积有利于 Mg 基体的细化。

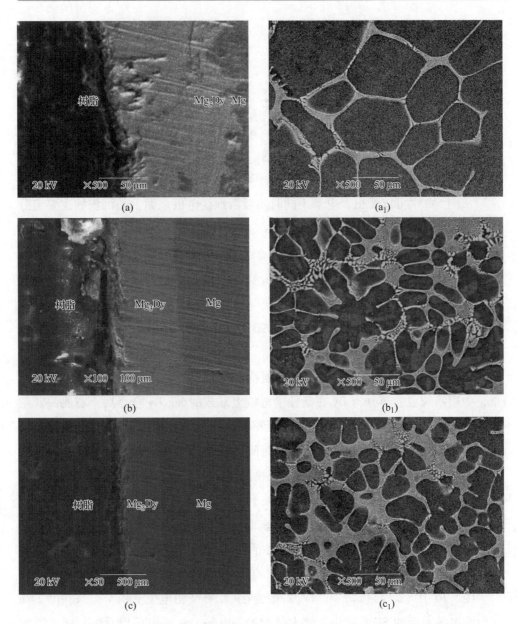

图 5-10　-1. 90 V 恒电位电解阴极沉积物的截面 SEM 照片和表面 SEM 照片

(a)（a₁）4 h;（b）(b₁) 12 h;（c）(c₁) 24 h

　　作者将在-1. 90 V 恒电位沉积 4 h、12 h、24 h 之后的熔盐组分进行了 ICP-AES 分析,计算过程中假定熔盐的体积不变,计算出电解不同时间之后熔盐中三种稀土氯化物的浓度,列于表 5-1 中。从表中可以看出,在沉积 24 h 之后,熔盐中仅剩 0.001 mol/L 的 DyCl$_3$，而 GdCl$_3$ 和 SmCl$_3$ 的浓度都未发生变化，根据式（1-7）计算出了不同时间的分离效率，计算得出在电解 24 h 之后，DyCl$_3$ 与 GdCl$_3$/SmCl$_3$ 的分离效率已经达到了 96.8%。此时 Gd(Ⅲ) 离子浓度为 Dy(Ⅲ) 离子浓度的 31 倍以上。根据图 5-7 和图 5-8 得出 Mg-Gd 与 Mg-Dy 两种金属间化合物形成的电位差为 0.12 V，通过式（1-6）计算出在 773 K 下当 Gd(Ⅲ) 离子浓度为 Dy(Ⅲ) 离子浓度的 222 倍时，Gd(Ⅲ) 离子即可发生浓差极化现象在活性镁电极上的沉积。而此时二者的浓度比已经接近于 222 倍，因此在电解分离 24 h 之后，换了一根镁电极继续恒电位电解分离 GdCl$_3$ 和 SmCl$_3$。

根据图 5-7 和图 5-8 的分析，作者在活性镁阴极上选择了 -2.2 V 恒电位电解将熔盐中氯化钆以 Mg-Gd 合金的形式分离出来。选择 -2.2 V 的原因是 Li(Ⅰ) 离子尚未在镁电极上发生沉积的前提下，以最大的电流密度对熔盐中的 GdCl$_3$ 和 SmCl$_3$ 进行分离。并对所得的沉积物进行 ICP-AES 分析（全部溶解），分析结果见表 5-2。从表中可以看出，随着电解时间的增加，沉积物中 Gd 含量也随之增加，而 Sm 在沉积物中的含量一直为 0，这样即实现了 GdCl$_3$ 和 SmCl$_3$ 的分离。经过对沉积物 ICP-AES 分析发现，在沉积 12 h 后的镁阴极上出现了金属 Li，这是因为在电解分离 12 h 之后，熔盐中的 Gd(Ⅲ) 离子浓度已经非常低，通过 ICP-AES 分析，此时 Gd(Ⅲ) 离子的浓度为 0.002 mol/L，因此发生了 Li 离子在活性镁电极上的欠电位沉积。根据式（1-6）计算出在电解分离 12 h 后，GdCl$_3$ 和 SmCl$_3$ 的分离效率为 93.5%。

表 5-2   在 -2.2 V 沉积不同时间的沉积物的 ICP-AES 分析结果

电解时间/h	元素质量分数/%				浓度/mol·L⁻¹		
	Dy	Gd	Sm	Mg	DyCl₃	GdCl₃	SmCl₃
0	0	0	0	总量平衡	0.001	0.031	0.031
6	0.6	10	0	总量平衡	0	0.016	0.031
12	0.5	17.8	0	总量平衡	0	0.002	0.031

为了研究所得沉积物的显微结构，作者将在 -2.2 V 下在 LiCl-KCl-GdCl$_3$-DyCl$_3$-SmCl$_3$ 电解质体系中恒电位电解 12 h 的活性镁电极表面进行了 XRD 分析，如图 5-11 所示。

从图 5-11 中可以看出，电解 12 h 后的活性镁电极表面沉积物主要组分为 α Mg 和 Mg$_3$Gd。虽然镁电极的 ICP-AES 分析中含有金属 Li，但是在 XRD 中没有观

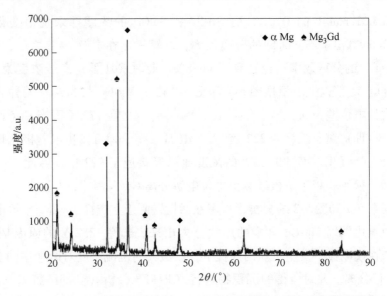

图 5-11　在-2.2 V 恒电位电解 12 h 后的活性镁电极的 XRD 谱图分析

察到 Mg-Li 合金相。推测原因是 Li 的含量较低，因此以固溶体的形式存在于 α Mg 相中。通过 XRD 的分析证明在-2.2 V 恒电位电解可以将 $GdCl_3$ 以 Mg-Gd 合金的形式从熔盐中分离出来，此时熔盐中的三种稀土氯化物仅存 $SmCl_3$。

图 5-12 (a) 和图 5-12 (b) 分别为在-2.2 V 恒电位沉积 6 h 和 12 h 之后镁电极截面的 SEM 照片。图 5-12 (a) 中深色区域为镁电极，浅色区域为镁电极表面沉积的 Mg_3Gd 合金。在图 5-12 (b) 中深色区域仍然为镁电极，而浅色区域分为两层。推测两层的主要组成为 Mg_3Gd 合金，而电极表面约 50 μm 的薄层由沉

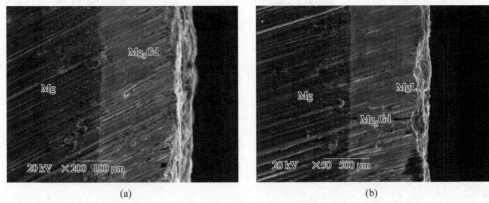

(a)　　　　　　　　　　　　　　　　(b)

图 5-12　-2.2 V 恒电位电解阴极沉积物的截面 SEM 照片

(a) 6 h；(b) 12 h

积的 Li 固溶于 Mg 中所产生。提出这一推测的原因是在图 5-7 和图 5-8 得出的
Mg-Gd 与 Mg-Li 两种金属间化合物形成的电位差为 0.29 V，通过式（1-6）计算
出在 773 K 下当 Li（Ⅰ）离子的浓度为 Gd（Ⅲ）浓度 78 倍时 Li（Ⅰ）离子即可发
生浓差极化现象在活性镁电极上的沉积。此时二者的浓度比为 588，因此在镁电
极表面发生了 Li（Ⅰ）离子的欠电位沉积。根据以上的研究，作者认为在活性镁
电极上 SmCl₃、GdCl₃、DyCl₃ 的分离可以通过阴极合金化法实现。

5.4　Sm₂O₃、Dy₂O₃ 和 Gd₂O₃ 在氯化镁的氯化作用下在钨电极上的电解分离

5.4.1　Sm₂O₃、Dy₂O₃ 和 Gd₂O₃ 在 KCl-LiCl-MgCl₂ 熔盐中的电化学行为及分离

在采用阴极合金化法实现 SmCl₃、GdCl₃、DyCl₃ 分离之后，作者研究了
Sm₂O₃、Dy₂O₃、Gd₂O₃ 的分离。图 5-13 为在 KCl-LiCl-Sm₂O₃-Dy₂O₃-Gd₂O₃ 电解质
体系中添加 MgCl₂ 后检测到的循环伏安曲线。

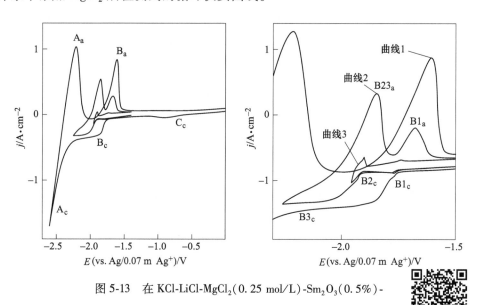

图 5-13　在 KCl-LiCl-MgCl₂（0.25 mol/L）-Sm₂O₃（0.5%）-
Dy₂O₃（0.5%）-Gd₂O₃（0.5%）熔盐中的循环伏安曲线
（工作电极为钨丝，温度为 873 K，扫描速度为 0.1 V/s）

图 5-13 彩图

在图 5-13 左图的正向扫描过程中可以依次看到三个还原信号 C_c、B_c 和 A_c。

其中还原峰 C_c 的电位与 Sm(Ⅲ) 还原为 Sm(Ⅱ) 的电位一致，作者认为 C_c 为氧化钐与氯化镁发生氯化反应生成 Sm(Ⅲ) 离子的还原反应过程。还原信号 B_c 为一个连续的沉积，其沉积过程一直持续到 Mg-Li 合金的还原电位（约为−2.25 V），而且还原信号 B_c 并没有因为出现浓差极化现象而呈现出峰的形状，因此作者推测还原信号 B_c 为几个连续还原反应过程的叠加。

为了对其进行进一步的研究，改变了循环伏安曲线的扫描终止电位。当将扫描终止电位为 Mg-Li 合金的还原电位（−2.25 V）时，得到图 5-13 右图中的曲线 2。从正向扫描过程中可以观察到三个还原信号 $B1_c$、$B2_c$ 和 $B3_c$。其中 $B1_c$ 与之前研究 Mg(Ⅱ) 离子还原为金属 Mg 的还原电位一致（约为−1.75 V），其对应的氧化峰为 $B1_a$。还原信号 $B2_c$ 与 Mg-Dy 金属间化合物的形成电位一致，约为−1.91 V，因此确定还原信号 $B2_c$ 为 Mg-Dy 金属间化合物的形成。同样，还原信号 $B3_c$ 与在 KCl-LiCl-MgCl$_2$-Gd$_2$O$_3$ 电解质体系（见图 4-5）的循环伏安曲线中所观察到的 Mg-Gd 金属间化合物的形成电位一致。氧化峰 $B23_a$ 为 Mg-Gd 和 Mg-Dy 金属间化合物氧化峰的叠加。

当扫描终止电位为−1.95 V 时检测到曲线 3，改变扫描终止电位的原因如下，根据之前的研究结论，在曲线中抛除 Gd(Ⅲ) 或者 Mg-Gd 金属间化合物形成对曲线的干扰。在曲线 3 中仅观察到两个还原峰 $B1_c$ 和 $B2_c$，分别为 Mg(Ⅱ) 离子还原为金属 Mg 以及 Mg-Dy 金属间化合物的形成，二者的氧化峰也同样被观察到，并且与在 KCl-LiCl-MgCl$_2$-Dy$_2$O$_3$ 电解质体系（见图 3-15）的循环伏安曲线中观察到的还原/氧化电位一致。从图 5-13 中可以看出，Mg-Gd 和 Mg-Dy 金属间化合物的形成电位比较接近，这使得二者的分离有一定困难，但是在改变扫描终止电位的情况下可以单独采集到 Mg-Dy 金属间化合物形成的电化学信号，此时 Mg-Gd 金属间化合物尚未形成，这说明二者的分离虽然有一定的困难，但仍然具有可行性。

为了进一步研究三种稀土氧化物在 KCl-LiCl-MgCl$_2$ 熔盐中的分离过程，作者采用了灵敏度更高的方波伏安对熔盐中发生的电化学反应进行研究。图 5-14 为在 KCl-LiCl-MgCl$_2$-Sm$_2$O$_3$-Dy$_2$O$_3$-Gd$_2$O$_3$ 电解质体系中得到的方波伏安曲线。从曲线中可以依次发现 A、B、C1、C2 四个还原信号。与图 5-13 比较，四个还原信号的电位分别对应着循环伏安曲线上 C_c、$B1_c$、$B2_c$、$B3_c$，即 Sm(Ⅲ) 离子还原为 Sm(Ⅱ) 离子、Mg(Ⅱ) 离子还原为金属镁、Dy(Ⅲ) 离子与沉积的金属镁形成 Mg-Dy 金属间化合物、Gd(Ⅲ) 离子与沉积的金属镁形成 Mg-Gd 金属间化合物。在图 5-14 的方波伏安曲线中同样没有观察到 Mg-Sm 金属间化合物的形成，即达到金属锂沉积电位之前，在 KCl-$LiCl$-$MgCl_2$-Sm_2O_3-Dy_2O_3-Gd_2O_3 电解质体系中金属 Mg 与 Sm 没有金属间化合物形成。因此，Sm_2O_3、Dy_2O_3、Gd_2O_3 分离的首要研究问题是 Mg-Dy/Mg-Gd 两种金属间化合物的分离。

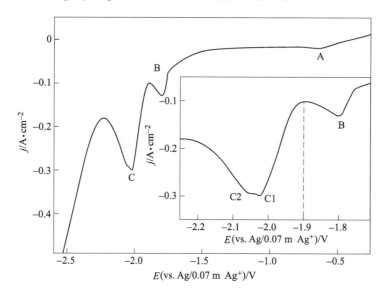

图 5-14　在 KCl-$LiCl$-$MgCl_2$（0.25 mol/L）-Sm_2O_3（0.5%）-Dy_2O_3（0.5%）-
Gd_2O_3（0.5%）熔盐中的方波伏安曲线

（脉冲振幅为 25 mV，电势阶跃为 1 mV，频率为 30 Hz，工作电极为钨丝，温度为 873 K）

根据图 5-13 和图 5-14 的研究结果，Mg-Sm 金属间化合物的形成电位比电解质中的金属 Li 的还原电位更负，而 Mg-Gd 金属间化合物的形成电位要比 Mg-Dy 金属间化合物的形成电位更负。因此设计三种稀土的分离过程为：首先，在合适的电位通过恒电位电解分离出 Mg-Dy 合金；其次，在 Mg-Dy 提取完全后，根据第 4 章的研究结论在–2.1 V 恒电位电解分离出 Mg-Gd 合金；当完成 Dy_2O_3 与 Sm_2O_3/Gd_2O_3、Sm_2O_3 与 Gd_2O_3 分离后，Sm_2O_3 仍然保留在熔盐中，从而完成 Sm_2O_3、Dy_2O_3、Gd_2O_3 的分离。因此，首要解决问题是确定 Mg-Gd 与 Mg-Dy 金属间化合物合适的分离电位，然后通过恒电位电解的方法分离 Dy_2O_3 和 Gd_2O_3。

作者采用开路计时电位法研究 Mg-Gd 与 Mg-Dy 金属间化合物的分离电位。图 5-15 为在 KCl-$LiCl$-$MgCl_2$-Sm_2O_3-Dy_2O_3-Gd_2O_3 电解质体系中检测到的开路计时电位曲线，沉积电位为–2.4 V，沉积时间为 30 s。从图中可以观察到四个电化学信号。其中平台 A 为金属 Li 的溶解平台。根据图 5-13 和图 5-14 的研究，作者认为拐点 B 和平台 C 分别为 Mg-Gd 和 Mg-Dy 金属间化合物的溶解平衡过程，其中 Mg-Gd 金属间化合物相比较 Mg-Dy 金属间化合物的溶解时间短很多。说明在沉积过程中，只有非常少的 Mg-Gd 金属间化合物形成，有利于 Mg-Gd 和 Mg-Dy 金属间化合物的分离。平台 D 则为金属 Mg 的溶解过程，综合图 5-13 和图 5-15 的分析，最终选择了 -1.95 V 为分离电位，通过恒电位电解的方法分离 Mg-Gd 和 Mg-Dy 金属间化合物。

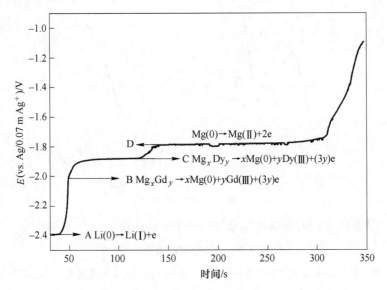

图 5-15　在 KCl-LiCl-MgCl$_2$(0.25 mol/L)-Sm$_2$O$_3$(0.5%)-Dy$_2$O$_3$(0.5%)-Gd$_2$O$_3$(0.5%) 熔盐中的开路计时电位曲线

（工作电极为钨丝，沉积电位为 -2.4 V，沉积时间为 30 s，温度为 873 K）

作者根据图 5-15 中平台 B 和平台 C 的电位计算 Mg-Gd 和 Mg-Dy 金属间化合物形成的电位差，通过式 (1-7) 计算了二者的分离系数。得出 n 为 2 时，Dy$_2$O$_3$ 与 Gd$_2$O$_3$/Sm$_2$O$_3$ 的分离系数为 94.6%；当 n 为 3 时，Dy$_2$O$_3$ 与 Gd$_2$O$_3$/Sm$_2$O$_3$ 的分离系数为 98.7%。从计算结果可以看出，Dy$_2$O$_3$ 与 Gd$_2$O$_3$/Sm$_2$O$_3$ 的分离系数略小于 DyCl$_3$ 与 GdCl$_3$/SmCl$_3$ 在惰性电极上的分离系数。这是由于在添加氯化镁之后，金属 Gd 与金属 Dy 都与金属 Mg 发生了去极化作用，而金属 Gd 比金属 Dy 更活泼，使得金属 Gd 与金属 Mg 更易形成金属间化合物，导致 ΔE 变小，使得 Dy$_2$O$_3$ 与 Gd$_2$O$_3$/Sm$_2$O$_3$ 的分离系数变小。

比较图 5-15 和图 5-8 中的开路计时电位曲线，在惰性 W 电极上采用共还原法得到的 Mg-Dy、Mg-Gd 合金的平衡电位要略负于在活性 Mg 电极上采用阴极合金化法得到的 Mg-Dy、Mg-Gd 合金的平衡电位。其原因可能是由于采用共还原法获得 Mg-RE 合金时，所得合金层中 RE∶Mg 的原子比要大于采用阴极合金化法所得到的 Mg-RE 合金层中 RE∶Mg 的原子比。根据相图分析及能斯特方程计算，RE∶Mg 原子比更小时合金的平衡电位更正。随着 RE∶Mg 原子比提高，其电位逐渐变负，当电极表面沉积一层 RE 时即达到 RE 本体的析出电位（见图 5-8 中的平台 B 和平台 G）。因此，开路计时电位曲线中所检测到在金属 Mg 电极上所得 Mg-RE 合金层的电位平台要略正于在惰性 W 电极上所得 Mg-RE 合金层的电位平台。

5.4.2　分离产物的表征与分离效率

根据对图 5-13 的循环伏安曲线和图 5-15 的开路计时电位曲线的分析，作者在 -1.95 V 恒电位电解分离 Sm_2O_3、Dy_2O_3、Gd_2O_3，电解时间分别为 4 h、8 h 和 12 h，并对所得的沉积物进行了 ICP-AES 分析，分析结果列于表 5-3 中。

表 5-3　在 -1.95 V 沉积不同时间的沉积物的 ICP-AES 分析结果

电解时间/h	元素质量分数/%			
	Dy	Gd	Sm	Mg
0	0	0	0	总量平衡
4	5.9	0	0	总量平衡
8	10.3	0	0	总量平衡
12	13.9	0	0	总量平衡

从表 5-3 中可以看出，随着电解时间增加，沉积物中 Dy 含量也随之增加，Sm 和 Gd 在沉积物中的含量一直为 0，因此证明通过共还原法完成了 Dy_2O_3 与 Gd_2O_3/Sm_2O_3 的分离。为了研究所得沉积物的显微结构，作者将在 KCl-LiCl-$MgCl_2$-Sm_2O_3-Dy_2O_3-Gd_2O_3 电解质体系中恒电位电解 12 h 所得沉积物进行了 XRD 谱图分析，如图 5-16 所示。从图中可以看出所得到的沉积物主要组分为 α Mg 和 Mg_3Dy。这一结果与在 KCl-LiCl-$MgCl_2$-Sm_2O_3-Dy_2O_3 电解质体系中通过恒电位电解所得沉积物的组分相同。

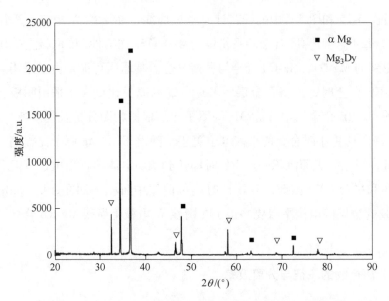

图 5-16　-1.95 V 恒电位电解 12 h 所得金属的 XRD 谱图分析

　　为了进一步研究所得沉积物的显微结构，对沉积物的截面进行了扫描电子显微镜以及能谱分析。图 5-17 为在-1.95 V 恒电位电解 12 h 后所得沉积物的截面 SEM 照片及 EDS 面扫描图。其中图 5-17（a）为所得沉淀物截面的 SEM 照片，照片中黑色区域为 Mg 基体，灰白色区域为 Mg-Dy 金属间化合物 Mg_3Dy。根据图 5-17（a）可以看出，生成的 Mg_3Dy 对镁基体有一定的细化作用，Mg_3Dy 的形成将镁基体细化为 60 μm 大小的晶粒。图 5-17（b）为截面上元素 Mg 的面扫描图，从图中可以看出，在晶粒交界处的 Mg 含量比晶粒中的 Mg 含量低。对比图 5-17（c）中元素 Dy 的面扫描图分析，发现在晶粒交界处存在大量的 Dy，而在晶粒中 Dy 含量却很低，这与 SEM 照片中关于 Mg、Dy 分布的分析一致。证实 Dy 主要存在于晶界处，并与 Mg 基体形成了 Mg-Dy 金属间化合物。图 5-17（d）和图 5-17（e）分别为在截面上元素 Gd 和元素 Sm 的面扫描图，从图中可以看出在整个截面上几乎不存在钆和钐。这与沉积物的 ICP-AES 分析一致。

　　作者在图 5-17（a）中选取晶界上的一个区域 A 进行 EDS 能谱分析。图 5-17（f）为区域 A 处的 EDS 能谱分析，从图中可以看出，能谱图中除了大量的 Mg 和 Dy 之外，不存在 Gd 和 Sm 元素。图 5-17（f）的 EDS 分析结果 Mg∶Dy∶Gd∶Sm 原子比为 78.6∶21.4∶0∶0。EDS 分析结果说明灰色区域为 Mg_3Dy 金属间化合物。EDS 分析同样证明沉积物中没有元素 Gd 和 Sm。这表明采用共还原法将

Dy_2O_3 以 Mg-Dy 合金的形式从混合物中分离可以成功实现，且在沉积物的 ICP-AES 和 EDS 分析中，都不存在元素 Gd 和 Sm。

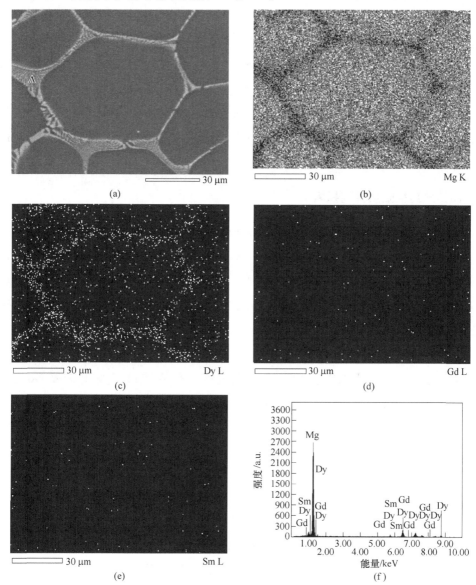

图 5-17　−1.95 V 恒电位电解 12 h 所得沉积物的

截面 SEM 照片及 EDS 面扫描图

（a）沉积物的截面 SEM 照片；（b）Mg 的 EDS 面扫描图；

（c）Dy 的 EDS 面扫描图；（d）Gd 的 EDS 面扫描图；

（e）Sm 的 EDS 面扫描图；（f）点 A 的能谱分析

图 5-17 彩图

对于 Dy_2O_3 与 Gd_2O_3/Sm_2O_3 分离效率的计算方法如下，在电解结束后，将熔盐冷却并溶解于稀盐酸中，待溶液澄清后（即 RE_2O_3 完全转化为 $RECl_3$）计算其中 Dy(Ⅲ) 离子浓度。所计算的 Dy(Ⅲ) 离子浓度为 Dy_2O_3 与 $MgCl_2$ 和 HCl 反应所生成 Dy(Ⅲ) 离子浓度的总和。通过熔盐中 Dy(Ⅲ) 离子浓度根据式 (1-1) 计算分离效率，计算出采用共还原法分离 Dy_2O_3 与 Gd_2O_3/Sm_2O_3 的分离效率为 95.6%。所得到的分离效率大于 n 为 2 时 Dy_2O_3 与 Gd_2O_3/Sm_2O_3 的分离系数，小于 n 为 3 时 Dy_2O_3 与 Gd_2O_3/Sm_2O_3 的分离系数。这说明在金属 Dy 与金属 Mg 共还原形成合金的过程中，既存在 Dy(Ⅲ) 离子还原为金属 Dy 的过程，又存在 Dy(Ⅱ) 离子还原为金属 Dy 的过程。

5.4.3 分离极限条件的探索

在完成 Dy_2O_3 与 Gd_2O_3/Sm_2O_3 的分离之后，作者发现当沉积时间延长至 24 h 时，通过 ICP-AES 分析，沉积物中出现了金属 Gd 和 Li，此时尚未达到金属 Gd、金属 Li 与金属 Mg 形成金属间化合物的电位。推测产生这一现象的原因如下，随着电解的进行，熔盐中的 Dy(Ⅲ) 离子的浓度降低，使得在熔盐中 Gd(Ⅲ) 离子和 Li(Ⅰ) 离子发生了浓差极化现象，进而发生了沉积。根据式 (1-6) 计算出 Gd(Ⅲ) 离子、Li(Ⅰ) 离子浓度与 Dy(Ⅲ) 离子浓度比达到何值时会发生浓差极化现象。在之前的研究中已经得出金属 Gd、金属 Li 与金属 Mg 形成金属间化合物的电位，因此根据式 (1-6) 计算可知，采用 -1.95 V 恒电位电解时，当 $c_{Gd(Ⅲ)}/c_{Dy(Ⅲ)}$ 大于 120 时 Gd(Ⅲ) 即可能发生浓差极化现象；当 $c_{Li(Ⅰ)}/c_{Dy(Ⅲ)}$ 大于 204 时 Li(Ⅰ) 即可能发生浓差极化现象。

通过 ICP-AES 分析得出电解 24 h 之后沉积物的组分为 Mg-1.1Li-13.7Dy-1.3Gd。这说明由于熔盐中 Dy(Ⅲ) 离子的含量非常低，此时已经发生了浓差极化现象使得金属 Gd、金属 Li 与金属 Mg 分别形成了 Mg-Gd 和 Mg-Li 金属间化合物，不利于分离过程。本书把金属 Gd 即将与金属 Mg 形成 Mg-Gd 金属间化合物时的状态定义为"分离极限条件"，而对分离极限条件的探索可以更好地分离还原电位较为接近的金属。

图 5-18 为电解 24 h 后沉积物的 XRD 分析谱图。从图中可以看出，在沉积 24 h 时已经有了金属 Gd 的出现，并且以 Mg_3Gd 的形式存在于沉积物中。Mg_3Gd 与在 KCl-LiCl-$MgCl_2$-Sm_2O_3-Gd_2O_3 电解质体系电解分离的沉积物中检测到的金属间化

合物一致，是一种稳定的结构。为了进一步研究所得沉积物的显微结构，对沉积物的截面进行了扫描电子显微镜以及能谱分析。

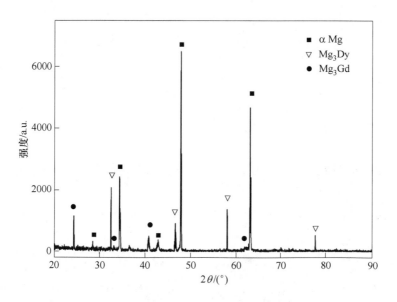

图 5-18 −1.95 V 恒电位电解 24 h 所得金属的 XRD 谱图分析

图 5-19 为在−1.95 V 恒电位电解 24 h 后所得沉积物的截面 SEM 照片及 EDS 面扫描图。其中，图 5-19（a）为所得沉积物截面的 SEM 照片，照片中黑色区域为 Mg 基体，灰白色区域为 Mg-RE 金属间化合物。根据图 5-19（a）可以看出，由于 Mg-RE 金属间化合物的生成，镁基体被细化为 20~30 μm 大小的晶粒。图 5-19（b）为截面上元素 Mg 的面扫描图，从图中可以看出，在晶界处的 Mg 含量要低于晶粒中的 Mg 含量。对图 5-19（c）中元素 Dy 的面扫描图分析，发现在晶界处存在大量的 Dy，而在晶粒中 Dy 含量却很低。以上分析结果与 SEM 照片中关于 Mg 和 Dy 分布的分析一致，证实了 Dy 主要存在于晶界处，并与 Mg 基体形成了 Mg-Dy 金属间化合物 Mg_3Dy。图 5-17（d）与图 5-19（d）比较，观察到在截面上存在更多的元素 Gd，并且同样存在于晶界处，说明在电沉积 24 h 后，由于熔盐中 Dy(Ⅲ) 离子浓度降低，Gd(Ⅲ) 离子发生了浓差极化并与金属 Mg 形成 Mg-Gd 金属间化合物。这与沉积物的 ICP-AES 和 XRD 分析一致。从图 5-19（e）Sm 的截面扫描图中可以看出，在整个截面上仍然不存在 Sm，这同样与沉积物的 ICP-AES 分析一致。

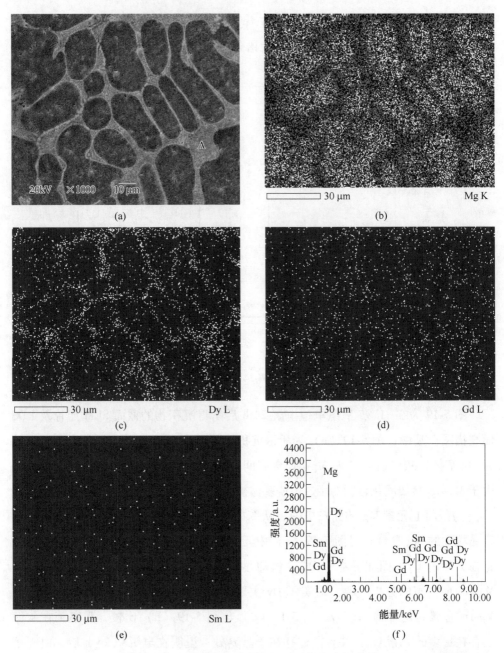

图 5-19　-1.95 V 恒电位电解 24 h 所得沉积物的
截面 SEM 及 EDS 面扫描图

（a）沉积物的截面 SEM 照片；（b）Mg 的 EDS 面扫描图；

（c）Dy 的 EDS 面扫描图；（d）Gd 的 EDS 面扫描图；

（e）Sm 的 EDS 面扫描图；（f）点 A 的能谱分析

图 5-19 彩图

作者在图 5-19（a）中选取了晶界上的区域 A 进行 EDS 能谱分析。图 5-19（f）为区域 A 处的 EDS 能谱分析，从图中可以看出，能谱图中除了大量的 Mg 和 Dy 之外，出现了少量 Gd 元素，不存在 Sm 元素。图 5-19（f）中 Mg：Dy：Gd：Sm 原子比为 77.3：20.4：2.3：0。根据区域 A 的 EDS 分析，Mg：Dy 原子比约为 3.8：1，Mg：Gd 原子比约为 33.6：1，二者之和可以近似看作 Mg：RE 的原子比约为 3.4：1，这与 XRD 图谱分析出的 Mg-Dy 和 Mg-Gd 金属间化合物 Mg_3RE 一致。

综合以上分析证明，在 Dy_2O_3 与 Gd_2O_3/Sm_2O_3 分离中存在着分离极限条件，使得三种稀土元素无法完全分离。因此，在采用共还原法进行分离的过程中需要根据极限条件选择合适的分离电位和分离时间。

5.5 本章小结

（1）在 KCl-LiCl 熔盐中在惰性 W 电极上研究了同时添加 $SmCl_3$、$DyCl_3$、$GdCl_3$ 后的阴极电化学行为，研究得出三种离子可以按照以下过程分离：将还原电位最正的 $DyCl_3$ 以金属 Dy 的形式分离出来；将 $GdCl_3$ 以金属 Gd 的形式分离出来；最后 $SmCl_3$ 仍然存在于熔盐中，从而成功实现三者的分离。计算出当 Dy 离子的转移电子数 n 为 2 时，$DyCl_3$ 与 $GdCl_3/SmCl_3$ 的分离系数为 95.9%；n 为 3 时，$DyCl_3$ 与 $GdCl_3/SmCl_3$ 的分离系数为 99.2%。

（2）在 KCl-LiCl 熔盐中在活性 Mg 电极上分别研究了添加 $SmCl_3$、$DyCl_3$、$GdCl_3$ 后的阴极电化学行为，并研究了在 KCl-LiCl-$SmCl_3$-$DyCl_3$-$GdCl_3$ 熔盐中三者的还原电位。研究得出在活性镁电极上通过恒电位电解的方法分离 $SmCl_3$、$DyCl_3$、$GdCl_3$ 是最佳的分离方案。计算了当 Dy 离子的转移电子数 n 为 2 时，$DyCl_3$ 与 $GdCl_3/SmCl_3$ 在 Mg 电极上的分离系数为 97.3%；当 n 为 3 时，$DyCl_3$ 与 $GdCl_3/SmCl_3$ 在 Mg 电极上的分离系数为 99.5%。$GdCl_3$ 与 $SmCl_3$ 的最小分离系数超过 99.99%。通过分离系数的比较证实了低温更有利于分离。

（3）采用恒电位电解法在活性电极 Mg 上按照以下次序依次分离 $SmCl_3$、$DyCl_3$、$GdCl_3$。一是将还原电位最正的 $DyCl_3$ 沉积在 Mg 电极上；二是在 ICP-AES 分析熔盐中 Dy 离子的含量足够低之后，将 $GdCl_3$ 沉积在全新的 Mg 电极上；三是 $SmCl_3$ 仍然存在于熔盐中，从而成功完成 $SmCl_3$、$DyCl_3$、$GdCl_3$ 三者的分离。计算出在活性 Mg 电极上恒电位电解 24 h 后 $DyCl_3$ 与 $GdCl_3/SmCl_3$ 的实际分离为

96.8%；恒电位电解 12 h 后，$GdCl_3$ 与 $SmCl_3$ 的分离效率为 93.5%。

（4）在 KCl-LiCl-$MgCl_2$ 电解质体系中研究了加入 Sm_2O_3、Dy_2O_3 和 Gd_2O_3 后的阴极电化学行为。确定三种稀土氧化物的分离过程为：在-1.95 V 恒电位电解将 Dy_2O_3 以 Mg-Dy 合金的形式从混合物中分离，在-2.1 V 恒电位电解以 Mg-Gd 合金的形式将 Gd_2O_3 从混合物中分离，Sm_2O_3 保留在熔盐中。计算出在-1.95 V 电解 12 h 之后，稀土 Dy_2O_3 与 Gd_2O_3/Sm_2O_3 的分离效率为 95.6%。

（5）研究了在 KCl-LiCl-$MgCl_2$-Sm_2O_3-Dy_2O_3-Gd_2O_3 电解质体系中的分离极限条件。确定由于极限分离条件存在三种稀土元素无法完全分离。因此，根据极限条件选择合适的分离电位和分离时间对于采用共还原法进行分离非常重要。

参 考 文 献

[1] Gschneidner K A, Calderwood F W. The Dy-Gd (Dysprosium-Gadolinium) system [M]. Metals Park, Ohio: Bulletin of Alloy Phase Diagrams, 1983, 4 (3): 291-292.

[2] Castrillejo Y, Bermejo M R, Díaz Arocas P, et al. Electrochemical behaviour of praseodymium (Ⅲ) in molten chlorides [J]. Journal of Electroanalytical Chemistry, 2005, 575: 61-74.